高素质农民培训教材

养猪
实用技术

广西农业广播电视学校　组织编写

周作集　主　编

U0397115

广西科学技术出版社

图书在版编目（CIP）数据

养猪实用技术 / 周作集主编 . —南宁：广西科学技术
出版社，2022.7（2023.11 重印）
ISBN 978-7-5551-1821-3

Ⅰ.①养… Ⅱ.①周… Ⅲ.①养猪学 Ⅳ.① S828

中国版本图书馆 CIP 数据核字（2022）第 113875 号

YANGZHU SHIYONG JISHU
养猪实用技术

广西农业广播电视学校　　组织编写

周作集　主编

责任编辑：黎志海　韦秋梅		封面设计：梁　良	
责任印制：韦文印		责任校对：吴书丽	

出　版　人：卢培钊
出版发行：广西科学技术出版社　　　　　　地　　　址：广西南宁市东葛路66号
邮政编码：530023　　　　　　　　　　　　网　　　址：http://www.gxkjs.com

经　　　销：全国各地新华书店
印　　　刷：北京虎彩文化传播有限公司

开　　　本：787mm×1092mm　　1/16
印　　　张：5.75　　　　　　　　　　　　字　　　数：106千字
版　　　次：2022年7月第1版　　　　　　　印　　　次：2023年11月第2次印刷
书　　　号：ISBN 978-7-5551-1821-3
定　　　价：45.00元

前 言

养猪业是我国农业中的重要产业，除为国民提供肉食外，还能提供就业和优质有机肥原料等。我国生猪出栏量、存栏量及猪肉产量居世界前列，同时我国也是猪肉消费大国。猪肉是广大人民群众餐桌上的主要肉类食品。近十多年来，我国生猪生产整体技术水平迅速提升，但与养猪业发达国家每头母猪每年可提供26头商品猪相比，差距还很大。要缩短与发达国家之间的距离，在整个生猪生产过程中，必须从每个饲养管理环节做起，特别是刚出生的仔猪应给予精心的护理，充分考虑猪只的冷、热、饥、饱，给猪只提供安静、卫生、适舒的生长环境，使猪只吃得好、吃得饱、睡得好，保证猪群健康生长，才能保证有更多商品猪出栏。

本书是在广西生猪产业持续发展的形势下，根据高素质农民培训的需要编写的，主要介绍生猪生产整个技术管理过程，重点是猪的规模化饲养管理和猪常见疾病的诊断与防治。本书通俗易懂，配有图片，可操作性强。尤其是常见的中草药，对猪的防病治病有着意想不到的效果。

本书在编写过程中，得到广西壮族自治区农业农村厅各级领导的关怀和支持，在此深表谢意！同时广西畜牧兽医学会养猪分会理事长、广西畜牧总站原副站长许典新推广研究员，陆川县畜牧站站长谢拣光，广西种猪性能测定中心，广西海和种猪有限责任公司，广西助农畜牧科技有限公司等单位和个人为本书提供技术资料和图片，在此表示衷心的感谢！

由于编者水平有限，书中难免存在错误和疏漏之处，衷心希望各位读者予以批评指正。

编著者

目 录

第一章　新建养殖场建场与规划

一、新建猪场前期工作

1. 选择猪场地址

涉及地势、交通、面积、水电、排污等方面，需要事先观察、合理规划。

（1）地势条件。符合村镇土地利用总体规划，禁止占用基本农田。场地的高度要在历史最高洪水水平线的 2 m 以上，地下水位在 2 m 以下，土质坚实、背风向阳、空气流通，地势稍平，地块为 15° 左右的缓坡，以利于排水排污。

（2）水电资源。水源是选址的先决条件。水源充足（万头猪场日用水量 150 ~ 250 t）、水质符合生活饮用水标准，以保证生活、生产正常用水，并确保若干年后水质不受污染。此外，选择靠近电源的地方，不仅能保证供电稳定，而且可以节省输变电开支。

（3）交通与防疫。养猪场饲料、猪产品运输量大，因此既要交通便捷，又要与交通干线保持适当的距离。以《中华人民共和国畜牧法》为依据，需远离居民饮水区、旅游区、公路、铁路、工矿企业、学校、居民区、家畜养殖场、牲畜交易场、屠宰场，以利于防疫。达不到上述要求的，不允许建养殖场。

（4）面积要求。猪场总建筑面积按每出栏 1 头商品猪需 0.8 ~ 1 m^2 计算，辅助建筑面积按每出栏 1 头商品猪需 0.12 ~ 0.15 m^2 计算，场区占地面积按每出栏 1 头商品猪需 2.5 ~ 4.0 m^2 计算。在计算占地面积时需将生活区、生产区、管理区、粪污处理区等考虑进去。生产规模大于 3 万头时，宜分场建设，以免给疫病防治、环境控制和粪污等废物处理带来不便。

（5）排污环境。规模化养猪场日产粪污量大，建场时要确定好污水处理的位置，应建设于猪舍低洼处，便于排污，保证猪场生产区和生活区的空气质量。规模养猪场必须建设标准的化粪池、消毒池、围墙等环保设施。如果猪场周围有大面积的农田、果园、竹林，粪污发酵处理后直接用于灌溉，有利于种养结合、粪水处理。

2. 向有关部门申请办理生产经营许可证件

（1）需要到当地环保部门申请办理养猪环境影响评价报告（以下简称环评）。50～500头养殖规模，办理环评登记；500～5000头养殖规模，办理环评备案；大于5000头养殖规模，办理环评报告。

（2）邀请环保部门人员到现场进行勘查，并按相关要求补充材料，等待环保部门出具选址意见书。

（3）由土地行政管理部门人员对场地做地形及界线测定，并出具具体红线图、坐标系、地形图等。弄清楚土地属性，确定对养猪场地的定性使用。

（4）向林业部门递交相关材料，如林地确认、复垦方案等。

（5）向农业部门提出办场申请，填写申请表格，邀请当地动物卫生监管部门工作人员到现场进行勘查，并按相关要求补充材料，办理《动物防疫条件合格证》。

二、环保工艺与环评报告

根据环保零排放相关要求选择适合的工艺，依据粪水量计算排污量，并选择排污工艺，按照猪群存栏计算合理的排污量。与专业环保工程公司讨论方案，确定性价比较高的环保工艺。

根据当地环保部门的政策要求，向相关部门申请做环评报告书或填写环保备案表。

三、水源与电力系统置办

（1）水源系统的置办。根据猪场猪存栏量计算用水量，对场区进行饮水系统的投入，如水井勘探、水池建设等。用水量按平均每天每头8 L、生活附属用水按4：1计算。

（2）电力系统的置办。根据猪场总体规划，计算所需电力设备的功率，列表配置适合的变压器。猪场设备用电分项如下。

①种猪区、保育区：环控系统、保温系统、照明系统、刮粪系统、料线系统、无害化处理系统、排污系统、饲料加工系统、消毒系统、高压清洗系统、水源供应系统等各类电器汇总。

②生活区：照明系统、空调系统、水过滤系统、水源供应系统、洗消中心系统等各类电器汇总。

四、猪场整体规划设计

根据确认好的环保工艺，预留出环保处理中心面积，对剩余场地面积做整体猪舍布局规划。

1. 区域划分

（1）生活区。包括宿舍、饭堂、娱乐室等。生活区应设在生产区上风向，地势较高，距离猪场入口 30～50 m 的位置，便于与外界联系。

（2）管理区。办公区、饲料加工仓储区、电力供应设施区、车库、杂物库、更衣洗浴房、污水处理区、转运区、排污排水分离走向、洗消中心、水电配备专用房等。

（3）生产区。包括种猪区、保育区、育肥区以及各猪舍内部建筑、结构、设备布置等（图 1-1）。

根据投入资金的额度，分一期、二期、三期规划建设，方便后期扩容。

图 1-1　楼房养猪

2. 各生产环节

（1）种猪生产区。

①种公猪舍，按 6～8 m²/ 头种猪计算占地面积。

②分娩舍，按饲养母猪总数的 1/4 计算占地面积。

③妊娠舍，按饲养母猪总数的 1/3 计算占地面积。

④保育舍，按 0.35 m²/ 头保育仔猪计算占地面积。

⑤空怀舍，按 1.67 m²/ 头空怀母猪计算占地面积。

⑥育肥舍，按 0.83～1.2 m²/ 头计算占地面积。

（2）饲料加工房、仓库。

（3）更衣室、消毒室、消毒通道。

第二章　环境控制及污染物处理

　　封闭式猪舍的空气环境对猪的健康有很大影响。建造时，应考虑通风、降温、供暖、排污等设施，对猪舍空气环境进行合理调控，建造适合猪只生存和生产的不同类型猪舍及设施，才能使猪舍的环境达到良好的状态，克服自然环境因素对猪只生产的不良影响，满足猪只对环境的需求。

一、猪舍温度控制

　　（1）温度控制。主要是通过护围结构的保温隔热和舍内安装红外线、电热板、保育箱等，实现猪舍的降温防暑与保温防寒。

　　选用隔热材料建设外护围结构，寒冷季节可将热能保存下来，炎热天气起到隔热作用，防止舍内温度升高，达到冬暖夏凉的舍内环境条件。可安装循环用水降温设施装置，也可安装水帘风机降温设备，以达到降温效果。

　　（2）通风与换气。通风换气是猪舍空气质量控制的核心。通风换气分为自然通风和机械通风两种方式。通过通风换气，保证室内空气的质量，不仅能够避免或减轻猪只呼吸道疾病，而且能够给予在舍内工作的员工劳动保护。

　　因此，在设计猪舍时，要充分考虑生产中通风换气的需要。在分娩舍、保育舍天花板上设计天窗；妊娠舍、育肥舍设计成钟楼式或留有排气管道。四周应设有足够多的窗户，窗户离地面高度约1 m，便于空气快速流通，炎热或寒冷天气时可打开或关闭窗户。

　　目前，大多数猪场采用自然通风方式，但需要注意的是窗钩要稳固，避免"风来窗关"；封闭猪舍的天窗要及时开启；冬季要避免"穿堂风"。机械通风是在猪舍安装风机，迫使空气流动来实现通风的要求，这是封闭式猪舍换气的主要方式。其优势是冬季能够通过热风炉或暖风机供热风，夏日可供冷风，舍内环境不受外界天气影响。生产中最好采取纵向通风，有利于消除通风死角，减少风机数量。只要猪场管理人员和饲养员树立空气质量控制观念，合理运用通风设备，空气质量一般都能够达到要求。在猪舍密闭的情况下，引进舍外的新鲜空气，排出舍内的污浊空气，可改善猪舍的空气环境。"加强通风，保证空气质量"被认为是猪场防控呼吸道疾病最有效、最经济实惠的方法。重视空气质量的改善，可减少用药成本，养出健康好猪。

气温高的情况下，通过通风加大气流速度，使猪感到凉爽，可减少高温对猪产生不良影响。舍内适宜湿度为65%～70%，湿度高时，经过通风可以排出过多水汽及空气中的有害物质。空气干燥时，可采取人工高压喷雾2～3次增加舍内的湿度，减少室内的灰尘。

（3）饲养密度，是一头猪只所占有的单位空间。提供一个能保证猪只健康生长发育又经济的合理空间，不但可以降低生产成本，还可以减少因空间狭小而引发的恶癖如随处排便、咬尾等。合理的圈养密度，重量为35～50 kg的猪只每头占床面积0.45 m²，重量为50～90 kg的猪只每头占床面积0.8 m²。

（4）控制光照。人工光照多采用白炽灯或荧光灯作光源，以满足猪只对光照的需求。

二、环境优化

（1）每天清理粪便，搞好清洁卫生。做好舍内卫生工作，能够减少或大体消除舍内氨气、硫化氢和二氧化碳等有毒有害气体。每天将猪粪便等及时清除干净，排粪沟内的残粪也要每天清理。同时及时清除猪圈围栏等处的灰尘，维持通道干净，舍内无蜘蛛网。

（2）全面消毒。消毒是猪场管理的一项必要工作，但对空气的消毒尚未完全普及。生产中，怀胎舍、保育舍、育肥舍尽量用高压喷雾机，喷头向上进行喷雾消毒。产房可用人工喷雾器，也要先把喷头向上对空气喷雾消毒，然后再针对性地消毒母猪体表、保温箱、地面等处。如此不仅完成全方位的消毒工作，同时也能净化空气中的粉尘。

（3）做好饲料优化。通过在饲料中添加酸化剂、酶制剂、益生菌等饲料添加剂，提高饲料中氮的消化利用率，从而降低猪粪便中氮的含量；也可通过在饲料中添加沸石等除臭剂、使用合成氨基酸替代部分粗蛋白质等方法，减少猪粪中氮元素的含量，达到减少空气中氨气含量的目的。

（4）增强绿化。楼栋之间隔离带要做好绿化，选择能够杀菌和吸收有害气体的树木；在通道上搭建棚架，铺盖遮阳网或种植百香果、葡萄等有经济价值的水果，猪场内空旷地种植草皮或常绿小灌木，可以净化空气、防风、遮阴挡热、降低环境温度、美化环境。

（5）控制有害生物。猪场只能养猪，不能饲养其他动物，以控制或切断病原体传入途径。

三、污染物处理

养猪场的环保问题应引起养殖者的足够重视。如果粪便、污水处理不当造成环境污染，养殖场将会被处罚甚至被关闭。

国家农业农村部对于养殖场环保措施，最为推荐的是粪污资源化利用，而首推的技术是全量还田模式（发达国家美国和德国均应用该模式）。全量还田模式是将养殖场的所有粪污（动物粪便、污水）直接通过微生物技术处理全部变成有机肥（固态或液态）施用到作物中。下面介绍2种污染物处理模式。

模式一：低成本一体化全量还田解决养殖场环保与粪污资源化模式（图2-1）。

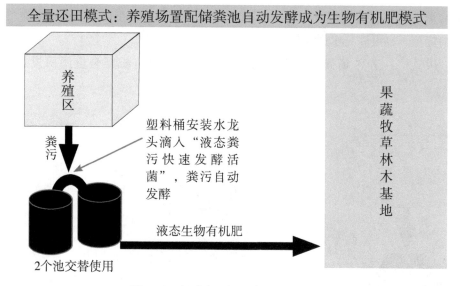

图 2-1　低成本一体化全量还田模式

仅需投资建设2个简易的储粪池，将养殖场所有动物粪便、污水集中到2个交替使用的圆形储粪池中，采用复合微生物进行液态发酵，经过7～15天将粪污转化为无臭、重金属和抗生素残留降低到安全范围、对植物不烧根（不烧苗）、含有丰富有益微生物的液态生物菌肥（在丰富酶制剂的作用下，粪渣大部分都会被分解、溶解）。实施该技术，设施成本低廉、运行操作简单，能够一次性解决养殖场固态粪便与污水肥料化利用的环保问题，形成养殖与种植循环生态模式，不仅可以解决当前养殖场面临的严峻环保压力，而且符合全国强制性粪污资源化利用的政策。

该模式适合所有畜禽养殖场运用。如万头猪场（水泡粪、自动刮粪、高低架网床等模式）只需要 2 个 1500 m³ 左右交替使用的储粪池即可解决全养殖场环保与粪污资源化问题。实施该技术规模养殖场的环保设施投入可降低 80%，不需要集污池、粪污分离、沼气池、沉淀池、氧化塘、储粪池、粪便堆放处理房等各种处理设施。处理粪污运行成本可降低 70%（含人工费用），环保设施与粪污处理设施占地面积减少一半以上。且整个储存、处理过程中无臭味、无蝇虫等，没有污染物对外造成污染，全年均可处理，不受季节影响。

按照存栏每头猪 0.3 ~ 0.5 m³ 的容量设计，建议储粪池深度为 1.5 m 以上，2个池交替使用（一个池满后，继续处理一周进行农用）。

粪污池入口设置一个塑料桶并安装水龙头，每天滴入液态粪污快速发酵活菌或畜禽流体粪污快速发酵剂，粪污直接发酵，周围几乎无臭味、无蝇蛆苍蝇。发酵完成的粪污符合国家《沼肥》（NY/T 2596—2014）标准，可以直接浇灌植物不会烧苗，也可以兑水后使用。

模式二：养殖场粪污沼气池，一级处理成生物有机肥全量还田模式（图2-2）。

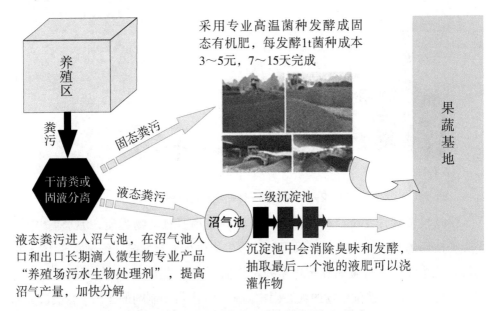

图 2-2　一级处理成生物有机肥全量还田模式

该模式在现有沼气池的养殖场进行运用。过去的沼气池都是依赖自然微生物进行工作，处理粪污能力不足、效率低。该模式仅需在沼气池前放置一个塑料桶，将专业微生物滴入沼气池出入口前后，不仅沼气池产气能力大增，而且大部分沼渣自动排出，沼液基本无臭味，可直接浇灌作物，处理 1 m³ 粪污形成不臭、不烧苗的沼液成本为 1 元左右。

第三章　猪生产工艺流程及常用设备

一、生产工艺流程

养猪场内，按配种、妊娠、分娩哺乳、生长、育肥 5 个生产环节流程形成一条生产线。母猪在配种时饲养 35 天（配种 14 天 + 妊娠鉴定 21 天），转入妊娠后饲养 88 天（妊娠期 114 天 – 妊娠鉴定 21 天 – 提前 5 天转入分娩舍 =88 天），分娩后哺乳 28 ～ 35 天，分娩舍饲养 33 ～ 40 天（28 ～ 35 天 + 5 天 =33 ～ 40 天），断奶后母猪返回配种车间，仔猪转入保育间饲养 28 ～ 35 天，再转入生长育肥车间饲养 14 ～ 16 周，最后出栏（图 3–1）。

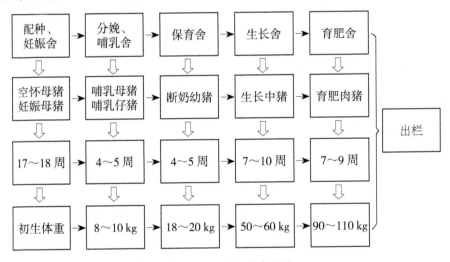

图 3–1　生产工艺流程图

设定工艺参数：母猪胎产仔数 10 头、哺乳 4 ～ 5 周、断奶后 10 天配上种，仔猪保育 4 ～ 5 周，肉猪育肥 14 周出栏。哺乳成活率 95%，保育成活率 98%，育肥率 98%，分娩率 95%，情期胎率 90%。

二、猪场常用养猪设备

（1）猪栏。根据结构形式可以分成实体猪栏、栅栏式猪栏、综合式猪栏等。实体猪栏一般用砖砌成，厚度约 12 cm、高 1 ～ 1.2 m，外面涂抹水泥，或采用混凝土预制件建成，是目前采用较多的一种。另外也有其他较为方便和先进的栏舍（图 3-2、图 3-3）。

图 3-2 保育育成舍

图 3-3 产房

（2）粪污处理设备。在建设、管理猪场时要考虑好粪污的处理方式及设备配置，以便处理猪粪尿，降低环境污染。

（3）猪舍饮水设备。可分为定时供水和自动饮水两种。定时供水是在饲喂前后往食槽中放水。定时饮水，不利于实现自动化，耗水量较大，且容易造成水质污染，传播疾病。现在多数猪场改成自动饮水，其饮水器一般为鸭嘴状饮水器和碗式饮水器。

（4）自动食槽。现代养猪场在培育、生长、育肥猪群的过程中多采用自动食槽，让猪自行自由采食。即在食槽顶部装饲料储存箱，每间隔一段时间加1次料，可以减少饲喂工作量，提高劳动生产率；而且可以根据猪生长的不同阶段定时定量饲喂，能在一定程度上节省饲料，也可有效避免猪群产生应激反应。

（5）喂料系统。包括料塔、料线、哺乳母猪智能饲喂器、保育智能干湿饲喂器、小群智能饲喂器、母猪饲喂站等（图3-4）。

图3-4　母猪定位栏智能自动送料系统

（6）排粪设备。包括水泡粪、排污阀、刮粪板、粪便干湿分离设备、发酵设备等。

（7）环境控制系统。包含水帘、风机、锅炉取暖、卷帘、喷雾消毒降温系统、房顶排气扇、进场消毒通道、猪舍环境自动控制箱等。

除上述主要设备外，猪场还有一些配套设备：背膘测定仪、妊娠测定仪、活动电子秤、模型猪（公猪采精架，也称假母猪）、断尾钳、仔猪转运车，以及用于猪舍消毒的火焰消毒器等。

第四章 猪的品种

一、地方猪种

1. 陆川猪

陆川猪因原产于广西陆川县而得名，是全国农产品地理标志产品，是中国八大地方猪品种之一。陆川猪成熟早，繁殖率高，母性好，遗传性能稳定，杂交优势明显，适应性好，耐粗饲，抗病能力强，肉质鲜嫩，体型紧凑。陆川猪体型特点为矮、短、宽、肥、圆。背腰宽广凹下，腹大常拖地，毛色呈一致性黑白花。

2. 广东小耳花猪

广东小耳花猪具有体躯矮小、腹大背凹、骨骼纤细和早熟易肥的特点，还有耐粗饲，母性温驯，生长速度快，成熟早，繁殖力强，哺育率高，杂交利用经济效益好等优点。

3. 太湖猪

太湖猪是世界上产仔数最多的猪种，无锡地区是太湖猪的重点产区。太湖猪属于江海型猪种，产于江苏、浙江地区太湖流域，是我国猪种中繁殖力强、产仔数多的著名地方品种。太湖猪体型中等，被毛稀疏，黑色或青灰色，四肢、鼻均为白色，腹部紫红，头大额宽，额部和后躯皱褶深密，耳大下垂，形如烤烟叶。四肢粗壮，腹大下垂，臀部稍高，乳头 8～9 对，最多 12 对。

4. 东山猪

东山猪原产于桂林市全州县东山镇。体型大，腰平直而稍窄，体长，胸围大而深，腹大而不拖地，后肢开张、发育匀称，头清秀，嘴筒略长而平直、面略宽、额有较深皱纹，耳大而下垂，四肢强健。乳头分布均匀，一般为 6～7 对，少数为 8 对，发育良好。

5. 巴马香猪

巴马香猪产于广西巴马瑶族自治县，为当地土猪，据说是野猪驯化而来，巴马群众称之为"冬瓜猪""芭蕉猪""两头乌猪"。因其骨细皮酥，肉质细嫩，肌肉鲜红，味美甘香，营养丰富，胜似山珍野味，外地人食之甚感鲜香，遂传名为"香猪"。

此外，德保猪、隆林猪、桂中花猪、环江香猪等，也是广西的地方优良品种。区外的品种有广东的小花猪、浙江的金华猪、四川的内江猪。我国猪品种的特点是性成熟早、繁殖率高、母性好、耐寒耐热、肉质优良美味，但是生长速度慢、饲料利用率低、瘦肉率低，出口竞争力低。

二、引进品种

1. 长白猪

长白猪（图4-1）原产于丹麦，全身被毛为白色，头小而清秀，脸面平直，鼻嘴直长，耳朵大；躯干较长，前窄后宽呈流线型，胸部有16～17对肋骨，乳头7～8对，背部平直稍呈拱形；四肢较高，后躯的肌肉较为丰满。

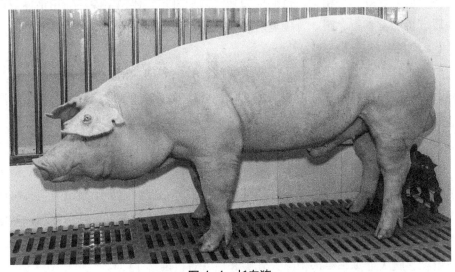

图4-1　长白猪

2. 约克夏猪

约克夏猪（图4-2）原产于英国，猪体大，毛色全白，少数额角皮上有小暗斑，面微凹，耳大直立；背腰多微弓，四肢较高，头颈较长，体躯长，肌肉发达，平均乳头数7对。是我国最早从国外引进的优良猪种之一。

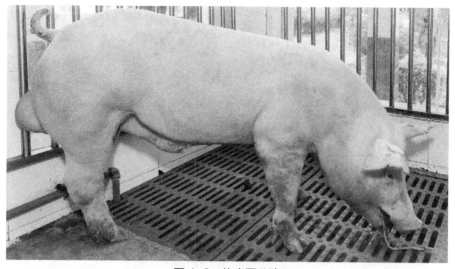

图4-2　约克夏公猪

3. 杜洛克猪

杜洛克猪（图4-3、图4-4）原产于美国，毛色棕红，结构匀称紧凑，四肢粗壮、强健，体躯深广，肌肉发达，属瘦肉型品种。头大小适中、较清秀，面稍凹、嘴筒短直，耳中等大小，向前倾，耳尖稍弯曲；胸宽深，背腰略呈拱形，腹线平直。公猪包皮较小，睾丸匀称突出、附睾较明显；母猪外阴部大小适中，乳头一般为6对，母性一般。

图4-3　杜洛克公猪

图4-4　杜洛克后备母猪群

4. 皮特兰猪

皮特兰猪（图4-5）原产于比利时，是由法国的贝叶杂交猪与英国的巴克夏猪进行回交，然后再与英国的大白猪杂交育成。我国从20世纪80年代开始引入，各地均有饲养，是目前世界上瘦肉型猪种中瘦肉率最高的品种。

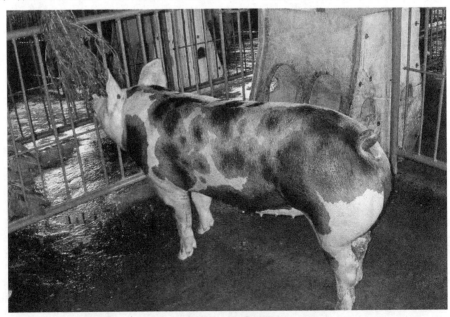

图4-5　皮特兰猪

5. 汉普夏猪

汉普夏猪（图4-6）原产于美国，其突出特征是环绕在肩部和前腿上的白带，黑色被毛上具有白带构成了其与众不同的特征，后肢常为黑色，在飞节上不允许有白斑。头清秀，嘴较长而直，耳中等大而直立，肩部光滑结实，体躯较长，背腰呈弓形，肌肉发达，性情活泼。

图4-6　汉普夏猪

此外，培育品种在生产中应用也较为广泛。培育猪种，是指我国自己培育成的品种。它是采用原有血统混杂的杂交猪种，经过不断选育，或几个外来品种有计划地进行杂交、横交培育而成。如广东白猪、上海白猪等。

三、猪苗选择

俗话说："公猪好，好一坡；母猪好，好一窝。"选择皮薄而松，毛粗疏且整齐光亮，皮毛滋润；猪嘴短、上下颚齐、成圆筒形，鼻孔宽、额面宽；眼睛圆而大、眼皮薄、眼白少；猪腿圆直结实，蹄呈"V"形；尾根粗大（如算盘珠样），尾根离肛门的距离越远越好；耳薄，耳根硬，能提起；躯体长大，腰、背平直；胸深肩宽，肋骨张开、后躯开阔的猪苗。"前宽会吃，后宽会长"，母猪乳头疏宽，排列整齐，呈品字型，乳头不少于12个，最后一对乳头之间的距离要远。公猪胸部开阔，四肢粗壮有力，后肢正直，眼睛明亮有神，鼻孔大，背腰平直，肩宽毛粗，肚不下垂，睾丸对称发育良好，乳头多而疏，排列均匀。

根据猪苗选择要求，归纳成歌诀：

快速养猪有理由，选好猪苗要择优。

外形匀称体格壮，脊梁宽厚架子高。

腰背平直又开阔，四肢粗壮嘴短好。

耳尖皮嫩毛稀亮，毛粗眼圆像灯泡。

后腿直挺屁股大，贪睡快长先吃饱。

选择猪苗要认真，先看皮毛颜色分；

皮薄粉红有弹性，毛齐光亮紧贴身；

方方屁股圆圆腿，四肢开张走路稳；

上下颚齐喉咙大，粗糠杂燥照样吞；

颈粗肩宽胸深广，背腰平直肋骨张；

四肢粗直鼻孔阔，骨架粗大后躯宽；

母猪肚大帆船底，乳头数多仔满群；

头方清秀臀部大，身长奶足最为良；

公猪睾丸齐正大，配种威猛好精神；

从头到尾都看过，精心挑出好猪群；

识了猪相会看猪，行家相见可相问。

四、种公猪选择标准

（1）生产性能。

种公猪的某些生产性能，如生长速度、饲料转化率和背膘厚度等，均要具有中等至高等的遗传力。因此，选择公猪时应确定它们这方面的性能，选择具有最高性能指数的公猪作为种公猪。

（2）系谱资料。

利用系谱资料进行选择，主要是根据亲代、同胞、后裔的生产成绩来衡量被选择公猪的性能，具有优良性能的个体，在后代中能够表现出良好的遗传素质。系谱选择必须具备完整的记录档案，根据记录分析各性状逐代传递的趋向，选择综合评价指数最优的个体作种公猪。

（3）个体生长发育。

个体生长发育选择，根据种公猪的体重、体尺发育情况，测定种公猪不同阶段的体重、体尺变化速度。在同等条件下选育的个体，体重、体尺的成绩越高，种公猪的等级越高。选择幼龄小公猪时，生长发育是重要的选择依据之一。

（4）品种特征。

不同的品种，具有不同的品种特征，种公猪的选择首先必须具备典型的品种特征，如毛色、头型、耳型、体型、外貌等，必须符合该品种的种用要求，尤其是纯种公猪的选择。

（5）体躯结构。

种公猪的整体结构要匀称，头颈、前躯、中躯和后躯结合自然、良好，肌肉结实。头大而宽、颈短而粗，眼睛有神，胸部宽而深、背平直、身腰长、腹部大小适中、臀部宽而大，尾根粗、尾尖卷曲、摇摆自如而不下垂，四肢强壮、姿势端正、蹄趾粗壮对称，无跛蹄。

（6）性特征。

种公猪要求睾丸发育良好、对称，轮廓清晰，无单睾、隐睾，包皮积尿不明显。性机能旺盛，性行为正常，精液品质良好。腹底线分布明确，没有副乳头、乳排列整齐、发育良好、乳头具有 6～7 对以上。

（7）抽血化验。

选择出来作为种公猪精液供应站或规模养殖场自用的种公猪，需逐一抽血化验检查，进一步确认没有猪瘟、布鲁氏杆菌病、蓝耳病、伪狂犬病、细小病毒病等疾病，以保证种公猪的健康，从种源严格控制。

五、种母猪选择标准

（1）在仔猪 30～40 日龄时，凡符合品种特征，发育良好，乳头多（7 对以上）且排列整齐的仔猪，均可进行初步选择。

（2）在 4 月龄育成母猪中，除有缺陷、发育不良或患病外，对健康的猪进行阶段性选择。

（3）在 7～8 月龄时，应选体型长、腹部较大而不下垂、后躯较大，乳头发育好的母猪留作种用。

（4）初产母猪中乳房丰满、间隔明显、乳头不沾草屑、排乳时间长，温驯者宜留作种用。

（5）母猪产后掉膘显著，妊娠时复膘迅速，增重快，也就是人们常说的"母瘦仔壮"。在哺乳期间，食欲旺盛、消化吸收好的宜留作种用。

第五章　猪的繁殖技术

一、猪繁殖基本规律

（1）母猪的性成熟规律。

后备母猪 6 ～ 7 个月即将性成熟时，雌性激素的分泌大量增加，促黄体素的分泌量也达到高峰，两者结合最终启动母猪开始发情排卵。

（2）母猪发情排卵规律。

性成熟的母猪或经产母猪，发情周期为 19 ～ 23 天，平均 21 天。母猪发情持续时间为 40 ～ 70 小时，排卵时间在发情后期，排卵持续时间为 6 ～ 10 小时。发情排卵数，外来品种 20 枚左右；地方品种 25 枚左右，最多达 30 枚。

（3）初配适龄。

外来品种，6 月龄、体重 90 ～ 100 kg，在第二个发情期实施配种；本地品种，6 月龄左右、体重 70 ～ 80 kg 可以开始配种。

二、发情鉴定和适时配种

（1）母猪发情表现。

母猪平均 21 天发情 1 次，从本次发情起，到下一次发情开始，为发情周期。母猪发情时阴户有轻度肿胀和充血现象，随后出现性情不定、兴奋不安、鸣叫、食欲减退现象，阴户潮红、水肿、有黏液流出，爬跨栏舍或其他母猪，主动靠近公猪或饲养人员，在栏中来回走动；试情公猪入栏后，主动靠近公猪，并与公猪鼻对鼻闻臭，或闻试情公猪会阴部，或用嘴唇拱撞公猪的肋腹部。当母猪阴户肿胀充血明显、皱襞展平、黏液湿润、耳尖外翻，进入发情旺盛期，母猪此时更为狂躁不安，性欲强烈，频频排尿，爬跨其他母猪或接受其他母猪爬跨，若公猪爬跨其背部时则安定不动。此时可人工检查适配时间或利用公猪进行查情、诱情。

（2）适时配种。

母猪发情旺盛期 3 天后，阴户肿胀快速消退，开始收缩，由平展鲜红色变为褶皱紫红色，阴门紧闭，精神沉郁呆滞，不思采食，黏液由稀薄变为黏稠。观察泪液从眼角流至嘴角的痕迹，已缩至 1/3 处，用手按压后躯背部不愿走动后，此时是进行第一次配种的最佳时机，间隔 6～8 小时进行第二次配种。每个发情期配 2～3 次，以保证受胎和产仔数。适时配种，准确把握好母猪发情后期的排卵时间，及时进行输精，是提高受胎率和产仔率的关键之一。

（3）常用的配种方法。

①本交，公母猪之间直接自然交配。母猪发情适时配种时，直接将公猪赶至母猪舍给母猪配种。但在全面推广适当规模和大规模化发展养猪业的情况下，公母猪之间直接自然交配方式已被人工授精所代替。

②人工授精，又分为常温精液人工授精和冷冻精液人工授精。这 2 种人工授精方式，均是通过人工采集公猪精液，然后镜检、稀释、保存、运输，采用专用工具人工操作将精液输送到母畜生殖器官内。不同的是，常温精液是常温保存下的精液，冷冻精液是经过液氮（–196℃）冷冻保存的精液。冷冻精液可以无限期保存，精子长期处于休眠状态，保存十多二十年的精液仍可使用。如果需要用于配种，将精液解冻后即可给母猪输精，仍然可以受胎。经过冷冻、解冻后的精液，母猪配种后产下的仔猪比常温精液配种的仔猪，初生体重大、生命强、生长快、均衡度一致。

冷冻精液人工授精，是常温精液人工授精的重大发展。该技术可实行跨国远距离运输，30 L 液氮罐可乘装 2000 头份猪冷冻精液，可解决母猪 800 头 / 年的精液来源问题，可代替活猪进口，减少运输和隔离观察等许多工作程序，大幅度降低大量的活体引种费用和疾病带来的风险。冷冻精液人工授精，促进当今世界国与国之间猪种源的迅速交流、共享，是一个行之有效的办法。

不管是自然交配还是人工授精，配种后应用手轻拍母猪臀部，产生刺激促进母猪子宫收缩，防止精液倒流，保证受胎。

（4）猪人工授精的意义。

猪的人工授精是迅速推动养猪业规模化、产业化、标准化、机械化发展，提高猪肉类产品质量的重要技术措施，具有重要意义。

可充分发挥优良种公猪的生产性能，提高优秀种公猪的配种效率。公母猪直接交配，一头公猪每次只能配种一头母猪，造成极大的精液浪费和增加公猪栏舍建设费用。采用人工授精方法配种，收集公猪精液后稀释，可配种 20 多头母猪，配种效率比自然交配高约 20 倍。用于人工授精的公猪，经过每一个生长阶段的逐个挑选、培育和性能测定，人工授精所生产的仔猪比自然交配质量高。

可大量减少种公猪的饲养数量，节省饲料和人工管理费用。如某猪场饲养有 1000 头母猪，采用人工授精，仅需要饲养 5 头公猪；自然配种需要饲养至少 30 头公猪，若有意外甚至不能满足配种需要。公猪饲养量增多，栏舍建设、劳动力投入和管理费用等也随之增加，造成不必要的极大浪费。因此，人工授精的应用，可大幅度节约生产成本费用。

可避免疾病的传播。公母猪自然交配时，如公母猪带有病原体，则有传播疾病的可能。采用人工授精，公母猪无需直接接触，可有效避免疾病的传播。

可克服体格悬殊不易交配的困难。母猪与公猪体格大小悬殊造成配种困难，良种成年公猪体重 200～350 kg，本地母猪只有 70～110 kg，体格相差很大，自然交配非常困难，甚至发生伤害事故，采用人工授精既方便又安全，不存在体格悬殊的困难。

可远距离运输，不受区域限制。养殖户的母猪发情时，由配种员携带精液到养殖场帮助输精，也可由养殖场技术员到精液供应点取回精液为母猪配种，哪怕是最边远的山村角落，甚至是国外，都可以通过托运、邮寄，不受路程的限制。配种范围得到扩大，配种头数大大增加。

可提高母猪受胎率、产仔率和后代的生活力。采用人工授精，可以选择最为优良的种公猪。同时还可以采用重复输精和混合精液等先进技术，来提高母猪的受胎率。便于进行有计划的选种选配，加快猪种的改良，提高猪的生产性能。

总之，猪的人工授精益处良多，在实现良种化和规模养殖的今天，人工授精技术早已普及到整个产业，所产生的经济效益显著。

三、母猪早期妊娠诊断

母猪配种后，若食欲增加，性情温顺，皮毛光亮，增膘明显，行动稳重，疲倦、贪睡，阴户下联合向上方弯曲，遇见公猪或驱赶时夹着尾巴紧贴阴户行走，21 天没有出现发情，可基本确定妊娠。同时可通过妊娠测定仪测定配种后 25～30 天的母猪，也可以从尿液中雌性激素的变化来进行诊断。

四、母猪临产症状

母猪的妊娠时长是 114 天左右（即 3 个月，加 3 个星期，加 3 天）。临产前，母猪的外阴户开始微红润而胀，尾根两边稍凹陷，乳房膨胀、具有光泽、能挤出奶水；行卧不安，即使产床上没有草，母猪也会用前蹄或嘴唇表现出含草做窝的动作；在频频排尿或排粪的情况下，躺卧时四肢伸直，全身用力努责，阴户流出羊水（破水），则很快就会分娩。分娩时一定要有人看管，清洁消毒乳头，做好接产准备工作。

第六章　猪的规模化饲养管理

猪的饲养管理技术，可分为种公猪（后备公猪、采精公猪）、种母猪（后备母猪、空怀母猪、妊娠母猪、哺乳母猪）、哺乳仔猪、断奶保育小猪、生长育肥猪的饲养管理等部分。管理好种猪的目的，是确保猪群健康，使种母猪能够提供大量的断奶仔猪，进一步提供更多的商品肉猪，增加经济效益。

一、种公猪饲养管理

要提高与配母猪的受胎率和仔头数，需种公猪要进行良好的饲养管理。与其他家畜公畜比较，种公猪精液量大，每次射精量平均 300 ml，最高达 500 ml；每毫升的精子数 2～3 亿个，交配时间长，要消耗较多的营养物质。根据种公猪上述几个特点，饲养好种公猪，必须抓好几方面的喂养和管理。

（1）饲料营养丰富、新鲜、品种多样化，日粮中含粗蛋白 16% 以上。种公猪在开始采精前一个月，在日粮中添加含蛋白质高的豆粕、血粉、鱼粉、鸡蛋和胡萝卜、南瓜、青料等多种维生素及微量元素，使种公猪在配种（采精）期内保持旺盛的性欲，以获得最好的精液品质，提高配种受胎率，及有利于产好头数。

（2）禁止饲喂种公猪发霉变质的饲料，饲料要有良好的适口性，日喂量 2.5～3 kg，分 2 次喂。若喂量过大，会造成公猪腹大，影响配种。

（3）单间饲养，栏舍比其他猪舍高。一头种公猪一个栏舍，防止逃脱、争风吃醋、互相打架致残。

（4）锯掉犬齿。公猪站选出来的种公猪，虽然在仔猪时已被剪掉牙齿，但是随着猪只的生长发育，牙齿会继续增长。当犬齿再次长出来时，应再次锯掉，避免攻击伤人。

（5）栏舍干燥、通风透气、温度适宜。舍内采用水帘降温和防寒保暖设施，室温保持在 20～22℃，在适宜温度的环境下吃得好、睡得香，种公猪才能生产出量多、质优的精子。

（6）种公猪应加强运动和刷拭，每天驱赶或自由运动 1～2 小时，以增强

体质，提高性欲和精子活力。炎热天气，可以淋浴冲洗降温。

（7）建立采精制度，固定人员饲养、定时定人采精，形成良好的条件反射；人工授精站饲养的种公猪，每次采精都要检查其精液品质；采用自然交配的种公猪，每月至少检查1次精液质量。后备种公猪，在投入配种使用前，应检查精液2～3次，以便尽早掌握其的精液质量情况。避免种公猪死精或精子活力不强，造成无效配种或窝产仔头数少。

（8）定期防疫和每年驱除猪只体内外寄生虫2次。

（9）后备种公猪的调教。后备种公猪达7月龄以上、体重达120 kg、膘情良好即可开始调教。开始调教时，将后备种公猪赶至采精隔近室观摩其他公猪的爬跨动作，学习配种方法，待公猪采完精离开后，将发情母猪的黏液或尿液涂抹于假母猪台，然后将后备种公猪赶进采精室，让其慢慢闻公猪和母猪留下的气味和爬跨假母猪，反复进行1～2次，便可达到调教效果。

（10）采精频率。刚开始采精的后备种公猪，前两个月每周采精1～2次；性成熟的公猪，每周采精2～3次。采精时，要等公猪射完精后，缓慢地驱赶公猪回栏舍。为确保人身安全和保证公猪正常采精，切忌呵斥和鞭打公猪，以免公猪产生敌意攻击人。

（11）种公猪的利用强度，要根据年龄和体质强弱合理安排，如果利用过度，则公猪体质虚弱、配种能力降低和利用年限缩短；但是如果利用过少，公猪身体肥胖笨重，同样可导致配种能力下降。

种公猪管理口诀：

> 养好公猪最重要，繁殖后代是头条；
> 公猪好来好一坡，效益多半它创造；
> 营养全面保健康，日量蛋白配足够；
> 有质有量配备完，不肥不瘦八成膘；
> 加强运动强四肢，性欲旺盛爬跨好；
> 每天梳刷皮毛亮，人畜亲和安全保；
> 逍遥运动增体质，精子产量靠双睾；
> 精液质量常检查，发现异常把料调；
> 增加营养靠品质，精子量多活力高；
> 自然交配强度够，人工授精把握好；
> 配种适时产仔多，每窝产仔十多头；
> 细心养出好猪群，降低成本效益高；

只要认真去喂养，相信你能做得到。

猪人工授精技术早已得到母猪养殖户的广泛认可，如今中小规模养殖场几乎不再饲养种公猪。为了大力发展现代养猪的规模化、产业化、标准化、全自动化投料和有效控制疫病，行业人士专门建立种公猪饲养站，饲养的种公猪，其外貌体型和精液品质比较优良。种公猪饲养站每天采精，经过无菌的生产车间镜检、稀释、分装、贴上标签、保存等。

程序处理后，随送料车或通过物流以最快速度送达各地，然后分发转运到每个精液供应站（点）置于冰箱内保存，母猪饲养户可根据自身需求到猪精液供应站（点）领取精液进行配种，十分便利。

种公猪饲养站是经过政府部门批准生产经营猪精液的企业，所饲养的种公猪，是经过性能测定或来自省级（自治区级）核发《种畜禽生产许可证》的重点种猪场，主管业务部门每年定期对公猪站所养的种公猪进行抽血化验检查猪的抗体水平，以随时掌握公猪的健康状况。

二、母猪饲养管理

1. 后备母猪的管理

（1）后备母猪的选择。从自繁自养的断奶猪群中，挑选出来准备作种的母猪，称为后备母猪。

体型外貌：后备母猪宜来源于第二至第五胎优良母猪后代。体型符合该品种的外形标准，生长发育良好，皮毛光亮、嘴筒短、耳薄、灯泡眼、背部宽长、后躯开阔、体型丰满、四肢结实有力、蹄坚实、尾根粗壮呈算盘珠状、乳头6对以上、排列整齐均匀、间距适中、无瞎乳头和副乳头、最后一对乳头距离要远，阴户发育良好且下垂、对称。

体重要求：日龄与体重对应，出生体重 1.5 kg 以上，25 日龄断奶后体重超过 8 kg，70 日龄体重达 20 kg，体重达 100 kg 时不超过 160 日龄；100 kg 体重测量时，倒数第三到第四肋骨离背中线 6 cm 的超声波背膘厚在 2 cm 以下。后备母猪从出生、断奶、保育、4 月龄（60 kg 左右）、5 月龄（105～110 kg）、初情期、配种前阶段性逐渐选择，以选出理想的种猪苗。

（2）后备母猪的饲养管理。

作为后备种猪培育的后备母猪，采用群养，个体之间比较后再次选择和刺激诱导发情。后备母猪体重达 35～50 kg 时，用中猪料喂；50 kg 以后用后备母猪料喂到配种，每天喂 2 kg，同时根据后备母猪的膘情增减饲料喂量。后备母猪过肥，配种难受孕，即使受孕，由于胎儿受到腹内脂肪的挤压，发育受阻，易导致仔猪初生体重轻。后备母猪适宜的配种月龄，本地猪为 6～7 月龄、体重 60 kg 以上；外来品种猪为 6～7 月龄、体重 100 kg 以上。配种过早，会造成母猪的体型小、产仔数少、初生体重轻、断奶窝重低等。

后备母猪在配种前应进行 1 次驱虫，防止体内外寄生虫侵害机体，影响胎儿生长发育。按时接种疫苗，提前预防各种疾病。母猪发情第二次、体重达 120 kg 以上配种。

2. 空怀母猪的饲养管理

断奶后至下一次发情配种前的母猪，称为空怀母猪。断奶后的母猪集中到空怀舍，按体重大小、体格强弱进行分群饲养，饲喂空怀母猪料。在营养均衡、膘情良好的条件下，母猪断奶后 4～6 天即可发情。

母猪空怀期间，要控制好膘情。"空怀母猪七成膘，容易受孕产仔高。"配种前的母猪有两种，一种是后备母猪，另一种是经产母猪。在生产过程中，若管理不善，往往会造成后备母猪过肥、经产母猪过瘦。如果母猪太瘦，会推迟发情，或出现排卵少甚至不发情；若母猪过肥同样也会出现不发情，或发情但屡配不上种，造成长时间空怀现象。因此，不管是经产母猪还是后备母猪，一定要控制好中等膘情，过肥或过瘦均不利于配上种和产仔数的提高。

3. 妊娠母猪的饲养管理

母猪配上种后，食量增加、行走稳重、皮毛红润光亮、外阴户收缩良好。经过 1 个发情期（21 天），若仍未见其发情征兆和其他异常变化的，基本可以确定母猪已妊娠。配上种的母猪一般疲乏、贪睡、食欲旺盛、食量增加，容易上膘，皮毛发亮贴身，性情温顺，动作平稳，阴户收缩紧闭、明显上翘，被驱赶时夹尾而走，呈扭捏状态。

为了保证胎儿成活，在饲养管理中，除加强饲养管理外，还必须要注意饲料的品质，发霉、变质的饲料不能使用。妊娠后期增加饲喂次数，使其适当运动，严禁鞭打，严防打架，加强营养、保持安静、防暑降温，可减少死胎、死产。母猪配上种后 4 周至产前一个月，是胚胎早期形成的阶段，一般投喂妊娠母猪料，每头每天喂 1.8～2.2 kg，但应注意若饲料喂量过多，易造成母猪过肥，脂肪压迫生殖器官，影响胎儿的发育生长。母猪在妊娠的 81～110 天期间，进行加料，每头每天喂哺乳料 3～3.5 kg，妊娠 111 天至分娩前 2 天，每头每天喂 1.5～2 kg。若喂量过多，产后母猪分泌乳汁过多，仔猪食不完造成母猪乳房发炎，易导致母猪发烧。

受精是妊娠的开始，分娩是妊娠的结束。母猪妊娠期间，不宜随意拆群、组群，防止母猪受惊吓、冲撞、互相打架，禁止鞭打，应尽量减少刺激，以免造成流产。

4. 产前母猪的饲养管理

临产前的护理工作：哺乳母猪产前一个月进行驱虫和进入产床，分娩前1～2天，少喂饲料或不喂料，产后第二天开始，根据母猪的食量，每天逐渐增加，5天后喂到3.5 kg/头，让母猪吃饱吃好，保证母猪分泌充足的奶水，为仔猪提供质优量多的营养，增强抗病能力，促进仔猪快速增长。

母猪的临产前症状：母猪临产前，其阴户开始微红润水肿、尾根两侧出现凹陷、频频排尿、起卧不安。

保持产房安静和清洁干燥。让临产母猪得到安静的休息，防止外部不必要的干扰；母猪产仔后不久会排出胎衣，应及时取走，并清理干净产床。产房内，冬季保温、夏季通风，每天排出的粪便及时铲走，除铲不走的粪便外，尽量不要用水冲洗，以保持舍内干燥。

5. 哺乳母猪的护理（母安康、仔体壮）

母猪产仔消耗体力、能量过多，虚弱、抵抗力下降；行动不便，不能及时补充营养和水分；产后产道容易感染疾病；胎衣来迟或排不干净，母猪静睡等状况，极容易引起急性乳房炎、突发高烧，导致乳汁变质甚至结块，仔猪吸食后，易出现下痢和肠胃炎。对此，在做好各种传染病的预防免疫注射、定期进行舍内外清洁消毒的同时，为了使母猪尽快恢复体况和保证仔猪正常哺乳，在母猪产下第二、第三个仔猪后，给母猪肌肉注射青霉素、链霉素各1次，防止产后产道感染和发烧。及时将胎衣和产床上的污物清理干净。母猪产后当天，根据食欲，采用"产后康"拌料喂，也可用生姜、黄糖煮水，加鸡蛋、加少量酒拌料喂。此外，可到中药店购买生化汤（当归、川芎、桃仁、炮姜、炙甘草）煲水，加没有油脂的骨头汤，连喂3次，使母猪尽快恢复体况、分泌营养充足的乳汁供应仔猪生长。

三、哺乳仔猪护理

仔猪出生后的生存环境发生了根本变化，从母胎里的恒温到外部环境的常温、从被动获取营养和氧气到主动吮乳和呼吸来维持生命，导致哺乳期特别是产仔当天，死亡率明显高于其他生理阶段。据资料报道，仔猪出生后的损失与死亡，85%是在出生一周内，其中前三天死亡所占比例最大，主要原因是冻死、压死、饿死、病死，不仅影响猪苗来源，而且造成很大的经济损失。

因此，要精心护理好一周龄的初生仔猪，特别是头一天，是预防疾病、提高仔猪成活率、促进仔猪快速发育的关键。初生仔猪的护理，是整个生猪生产最重要的关键环节。养猪成败关键就在这一管理环节上。

养猪：产房第一关，管理是关键。

养猪关键在产房，生产环节第一关；

举棋一步看全局，步步为营定乾坤；

细节之处决胜败，一步失策没钱挣；

既然选择来养猪，管理细节记心上；

怀孕母猪养得好，营养丰富胎儿长；

母猪后期要攻胎，胎儿才能长得壮；

重胎母猪细心养，避免发烧和流产；

妊娠后期要转移，三个多月上产床；

何时产仔心有数，怀孕天数三个三；

母猪产前有征兆，尾根凹陷快临产；

接生人员做准备，羊水破裂就分娩；

仔猪出生全身湿，用布将身细抹干；

净身立即吃足奶，吃饱初乳精神爽；

乳猪体小系病弱，母源免疫把病抗；

小猪抗寒能力差，低温天气要保温；

饥饿温低病入侵，一旦患病猪难养；

初乳之中抗体高，肚饱温适睡得香；

每天喂奶十多次，奶足料净仔安康；

大小强弱定乳头，定位哺乳母仔安；

只需固定三两天，形成习惯变自然；

猪仔自有互爱心，每当哺乳不用争；

吃饱自然就消杀，个个肥胖又健壮；

随着仔猪日龄长，日需乳量逐渐增；

八天开始调教料，奶足料助快增长；

胃肠功能发育快，同时为母减负担；

推迟时间不补料，生长受阻质下降；

如果你是养猪人，相信一定体会深；

你想养猪赚到钱，真正做好这一关。

（1）产前准备。工厂化猪场实行流水式的生产工艺，均设有专门的产房。在产前需空栏彻底清洗，检修产房设备，之后用消毒威、百毒杀、2%氢氧化钠等消毒药交替消毒2次，晾干后备用。产房要求温暖干燥，清洁卫生，舒适安静，阳光或光线充足，空气新鲜，室温温度控制在20～23℃，相对湿度为65%～75%。保温箱内温度调至30～35℃。产房内温度过高或过低、湿度过大，是仔猪容易生病死亡和母猪患病的重要原因。

准备接产用具。产前应准备好接产用具，如干净的毛巾或纱布、缝线、剪耳钳、断尾钳、秤、照明灯、红外线灯泡或电热板等。药品准备，如5%碘酒、2%～5%来苏儿、催产药品和葡萄糖、生理盐水等。

用已消毒干净的毛巾抹拭母猪乳房。

（2）接产。仔猪出生后，立即逐个将糊在乳猪嘴巴、鼻子和其他部位的黏液擦掉，用毛巾、柔软的布或吸水纸，将仔猪嘴里、鼻孔里的黏液轻轻抹干，防止其呼吸时将黏液吸入肺部。然后用毛巾或清洁的稻草，从仔猪的头部到尾部，按顺序有节奏地抹干净全身的羊水，防止仔猪体表水分蒸发而受冻，并有利于初生仔猪的血液循环，提高抗寒能力。有些仔猪生下来，整个机体由胎膜包住，接生人员应用手撕破胎膜放出羊水，以免仔猪窒息死亡。有些仔猪全身发软，张嘴抽气，甚至一动也不动（称为假死猪），停止呼吸，但心脏仍在跳动。当遇到这种情况时，应立即把仔猪提起来，用手轻轻拍打背部，刺激其缓慢苏醒。

（3）断脐带：用消过毒的剪刀，在离脐带根部3～4 cm处（以不着地为宜）剪断，用5%碘酒涂抹剪口，以防感染脐带炎。若脐带过长拖地，被脚踩踏拉扯，则易造成疝气。

（4）剪牙：将初生仔猪嘴里上下各4颗焦牙剪平，以防仔猪吸乳时咬伤母猪乳头，但应避免剪切处接近牙龈线。母猪乳头一旦被咬伤，会因疼痛拒绝哺乳。

（5）断尾：为防止日后咬尾，仔猪出生时应在尾根1/3处用钝钳夹断，断尾后需止血消毒，如用高温烙铁，既可消毒又可止血。

（6）做好产仔记录，对初生仔猪逐个称重，同时进行剪耳号。

（7）涂抹爽身粉，让仔猪尽快去掉身上的湿气。

（8）及时清理、打扫现场。产仔结束胎衣排出后，应及时将母猪排出的血水、胎衣和母猪臀部的污物清理，用消毒水抹洗干净，减少细菌繁殖和防止仔猪舔食后感染疾病。

（9）母猪难产时，用催产素注射催产或进行人工助产。

（10）吃饱初乳。初生仔猪不具备先天性免疫能力，必须通过吃初乳得到免疫。仔猪出生6小时后，初乳中的抗体含量下降一半。因此，应让刚出生的仔猪尽快吃到初乳。

母猪一边产仔一边放奶，这是雌性动物为了让离开自己身体的后代能尽快吃到丰富乳汁、及时补充营养、增强体质以延续后代的性本能。刚产下的仔猪完成抹干净身躯、剪脐带后，用手托住小猪屁股让每个仔猪吃饱初乳，逐个进行辅助哺乳，哺足初乳后，剪去嘴巴两边的犬齿，然后放入保温箱进行保温。母猪全部产完仔后，全窝仔猪再进行1次初乳哺乳，可达到健康双保险好养活的目的。

要人工辅助仔猪哺乳，为初生仔猪尽快找寻到母猪乳头及时哺足初乳。人工辅助仔猪哺乳，不但可以极大限度地减少仔猪盲目乱爬浪费时间、消耗大量能量，而且更有利于仔猪及时吸食母乳、维持体温、提高抗病御寒能力，为促进快速增长打下良好基础。

人工辅助仔猪哺乳就是把弱小仔猪放在中间乳头，让每个仔猪吃足吃饱初乳。母猪的初乳，比常乳浓稠。初乳中含有免疫球蛋白，具有抗病毒和抗感染的作用，营养丰富全面，容易吸收，水分含量少，含干物质高（比常乳高1.5倍），初乳蛋白质含量比常乳含量高3.7倍，脂肪和水分的含量比常乳低。初乳含有大量十分珍贵的抗体和维生素，既能清理仔猪胃肠，抑制消化道细菌繁殖，又能使仔猪尽快产生体热，调节血糖，增强仔猪机体免疫力和提高抗病能力，促进其良好发育。同时还有轻泻作用，可以促进仔猪胎粪的排泄。此外，还具有杀菌的成分，提供能量、恢复体温，防止仔猪因产后环境温度过低而冻昏、冻死。喂足初乳是提高成活率和促进仔猪迅速生长的重要基础手段，让仔猪吃饱初乳，才能有效地保证仔猪体格健壮。

刚出生的仔猪不能及时吃到初乳或吃初乳过晚，会大量消耗体能，抗病能力低下，一些病原体如大肠杆菌、沙门氏杆菌进入胃肠繁殖，容易出现红痢病、白痢病或发烧。实践证明，产房是养猪第一关，而接产和让仔猪立即吃饱、吃足初乳又是产房护理工作最重要的细节，喂足初乳可为后续饲养减少大量疾病防治成本。初生体重较大的仔猪，在离开母体后吃不到初乳，容易变成僵猪难以饲养。

（11）固定好乳头哺乳。仔猪有固定乳头吮乳的习惯，开始几次吸食某个乳头，直到断奶仍不变。仔猪出生后有寻找乳头的本能。初生体重大而强壮的仔猪很快能找到乳头，而体重较小而弱的仔猪则迟迟找不到乳头，即使找到乳头，也常常被强壮的仔猪挤掉，容易互相争夺而咬伤母猪乳头或仔猪颊部，导致母猪拒不放乳或个别仔猪吸食不到乳汁。

同一窝生出来的仔猪，有大有小、有强有弱、有公有母。为了使同窝仔猪生长均匀，当母猪开始哺乳时，把大的、强的放在前面或后面，小的、弱的放在中间哺乳。把最弱小的固定在前面乳汁分泌量较大的第三、第四对乳头哺乳，因为第一对、第二对乳头分泌乳量最大，弱小猪吃不完，容易造成母猪乳房炎和仔猪腹泻。

人为地固定好每头小猪连续哺乳 3 天，每次均要让仔猪吃饱奶水，再将其赶入保温箱进行保温。连续进行 3 天后，当母猪哺乳时，整窝仔猪便会自觉有秩序地找到的乳头吃奶，不再争抢，母猪则会安静、舒适地分泌乳汁给仔猪。值得注意的是，当母猪发出声音呼唤哺乳时，个别仔猪仍在保温箱内甜睡，饲养员应加以留意并唤醒。仔猪吃足初乳，3 天内固定乳头哺乳，每次哺乳全窝都能吃饱，温度适宜睡得好，仔猪必然是气氛和谐、生长整齐、抗病力强、生长快。

固定好乳头哺乳有如下好处。

①营造良好、安宁的哺乳氛围。

②防止互相争斗，促进整窝均衡生长。

③避免强壮、力量大的仔猪争抢分泌汁多的乳头，甚至霸占多个乳头。防止被欺负的弱小仔猪长时间哺乳不足，形成僵猪。

④及时哺足母乳，仔猪才能强壮。哺乳母猪每隔 40 分钟放乳 1 次，每次放乳时间只有 10 ～ 20 秒钟，若仔猪 2 次都吃不到初乳，体质将越来越弱。

（12）保温、防寒、防潮湿，为哺乳仔猪提供舒适的生长环境。

栏舍潮湿寒冷、拥挤和不卫生，是病原微生物繁殖、动物抵抗力下降而产生疾病的根源。冬春两季，冷、湿交替，变化无常。刚出生的仔猪皮肤薄、皮下脂肪少、散热快，与外界温度接触时极为敏感，调节机能力差，抗病力低，极易发生感冒、肺炎、下痢、关节炎等疾病，致使生长发育缓慢，死亡率增加；遇到冷空气侵袭时，仔猪往往一起扎堆，易被压死。因此，仔猪护理期间应注意保温。一旦环境温度过低、吃初乳时间拖延，易导致脆弱的仔猪拉肚子或感冒发烧，即使是最好的药物也没有办法挽救其生命。栏舍干燥、卫生、温度适宜，仔猪吃好、吃饱、睡好，自然会病少或无病，可快速增重。

现代养猪场所饲养的母猪，基本上采用了产床，两个产床中间有一间分为两小间的保温箱，里面安装有电源保温设施，如电热板、红外线灯等，为仔猪提供保暖，保证仔猪健康生长。经过生产观察，1 ～ 7 日龄的仔猪，最适宜的生长温度为 33 ～ 35℃。7 日龄后，随着日龄的增长，每周降温 1 ～ 2℃，直至仔猪适应外界温度为止。

（13）补铁。铁是造血必需的元素，为防止缺铁性贫血，仔猪出生 3 天内进行补铁，15 日龄后再补 1 次铁，以促进仔猪正常生长。

（14）小公猪去势。小公猪 7 ～ 10 日龄以上时，阉割睾丸。此时阉割睾丸流血少，伤口小容易愈合。阉割时，应注意消毒，防止感染。阉割公猪睾丸，抑制其雄性激素的产生，避免爬跨其他猪只，妨碍生长。不能作为种用的仔猪，最好在 1 周龄时阉割。

（15）寄养。哺乳母猪以哺乳 10 ～ 12 头仔猪为宜。在生产中可以将产仔过多、病弱分泌乳汁少或母猪病死的仔猪，寄养于其他产仔少、母性强的母猪，采用寄养方式，尽可能将仔猪养活下来。但寄养的仔猪对异母的气味极为敏感，而母猪也能凭嗅觉辨别出是否为自己的仔猪。因此，在寄养时，用纱布在仔猪身上抹异母的气（乳）汁或用酒精涂抹寄养仔猪和异母的鼻子，使两者难以判别出对方的气味，达到寄养目的。寄养仔猪，最好在异母产后 1 ～ 2 天的晚上或在母猪哺乳时进行，以促使寄养仔猪在短时间内与其他仔猪相适应。

（16）诱食补料。及早补料，可以锻炼仔猪的消化器官，促进机能早期发育，为安全断奶做准备。仔猪从 5 ～ 7 日龄开始补料。补料，不但可以刺激仔猪胃液提早分泌、促进胃肠发育、增强抵抗力、防止下痢、加快仔猪生长，而且可使仔猪提早断奶以减少母猪的负担。开始调教采食时，可将少量的乳猪料放进料槽内，由其自由采食，少喂勤添，随着仔猪日龄增长，再适当增加母猪饲喂量，同时也适当补充矿物质、蛋白质和多汁饲料，让母猪能够分泌充足的乳汁，以满足仔猪生长发育的需要。

四、断奶仔猪管理

断奶后，母子分开，仔猪失去母猪的保护，食物由奶水和饲料兼有变成只有饲料。对于刚断奶的小猪，要做到"两维持，三过渡"，即维持在原圈饲养、维持原饲料喂，做好饲料、饲养和环境的过渡。哺乳仔猪 20 多日龄时，能够自行吃饱饲料，此时可以断奶。断奶对仔猪的影响较大，首先是离开母猪心理较为惊慌，其次是饲料的突然改变，再次是没有奶水来源。因此，仔猪断奶时应按如下步骤进行。

（1）移母留仔。把母猪赶走，留下仔猪在产床（房）继续饲养5天，方能与其他同龄猪合群。如果是将仔猪移走，仔猪对新的环境不适应，思母哺乳，容易惊慌，没有安全感，不进食或食量少，生长发育受阻、体质下降。

（2）将预防注射、去势、分群等应激因素与断奶时间错开。

（3）择时拼栏合群。大群养猪、合群拼栏，这是不可避免的工作。仔猪合群时，将断奶后的仔猪集中在保育栏饲养，时间选在喂料前。一大群仔猪到一个栏舍，个个抢食，气味融合一起，互相欺负现象也相应减少。

（4）调教仔猪定点排粪。将仔猪赶入另一栏舍，用木板或竹板栏住并集中于栏内较低处3～5分钟，待仔猪排粪排尿（或用水泼湿），再放开由其自由活动和采食，这样当仔猪排泄时才会自觉地到这个地方排放。若断奶猪随处排便，不但增加工作量，而且不干燥和不卫生。

采食、排便、睡卧三定位，排便是"三点定位"中最重要的一点。猪只进栏后，栏舍一定要保持干净卫生，若有猪只在采食或睡觉的地方排便，要立即清扫干净，使用人工辅助调教，强制驱赶到指定地方排便，直到调教好为止。

（5）饲料逐渐过渡。原圈培育，即将断奶后的仔猪留在原圈进行饲养，经过3～10天再进行转圈或分群。饲养的维持与过渡，保持哺乳期间所用饲料及配方不变。饲料的维持与过渡，仔猪断奶后15天内，应按哺乳期的饲养方法和次数进行饲喂，夜间也坚持喂，避免仔猪饥饿，并提供充足的饮水。

（6）环境过渡。在原栏舍培育几天后再转栏合群，为避免合群后的不安和互相咬斗，在合群时让转入的先采食，然后让原栏一起进食，彼此熟悉。最后根据仔猪的性别，个体大小，食料的快慢等进行分群。

五、生长育肥猪饲养管理

仔猪从保育舍转入生长育肥舍，要求增重快、出栏时间短、耗料少、料肉比低、肉体品质优。仔猪初生体重大，增重速度加快，养猪生产实践证明了"初生体重重一两，断奶时增一斤，出栏时增十斤"的生产规律。因此，为了保证猪只初生乃至整个生产周期的体重，应从母猪妊娠后期加料攻胎，对哺乳仔猪、保育猪精心护理，生长猪才能达到快速育肥。

现代化养猪多采用直线式育肥，不限料。仔猪出生—断奶—育成—育肥过程中，始终保持较高的营养水平，自由采食、不限量饲养，自由饮水，栏舍干燥、清洁。封闭式猪舍要时常通风透气，夏天要防暑降温，冬天要防寒保暖，同时要注意饲养密度。

　　养猪，要勤观察猪群：

> 管理人员走猪圈，每天巡栏两三遍；
> 放慢脚步仔细看，早上看猪上班前，
> 逐栏逐个细观察，一旦有病早发现；
> 首先观察栏地板，猪有拉稀容易见；
> 赶快下药把病治，对症下药就收敛；
> 猪只患病有异常，不合猪群站一边；
> 精神不振毛松乱，及时查看量体温；
> 用药量准把握好，正确诊断体温降；
> 中午看猪十二点，观察料槽识喂量；
> 及时交代饲养员，下午喂料适增减；
> 晚上看猪十一点，猪群是否睡得香；
> 逐个检查窗和门，防寒御热做调整；
> 预防为主猪体健，精心照料猪旺相。

　　从事养猪生产，技术管理人员必须每天分早、中、晚走 3 次栏舍，逐个仔细察看各类猪群母猪的发情、产仔、哺乳，猪只的神态、睡姿、采食量、粪便变化，舍内灯光、温度、湿度、窗门、防寒保温、御热等情况，以做到及时发现问题，妥善处理，达到安全顺利生产。

第七章　猪病的识别

掌握猪的健康状况，及早发现病情，及时诊断并治疗，可减少药物费用和避免服药注射给猪带来的惊慌而影响生长。在养猪过程中，除为猪提供舒适的环境和均衡的营养及充足的饮水，使猪吃得好、吃得饱、睡得好外，管理人员还应每天到栏舍去细致检查猪群2～3次。最好的观察时间分别为每天8：00前（猪还没有站立起来）、13：00左右、22：00左右，到猪舍去仔细观察检查猪群的食欲、消化、排泄和精神状态，这样可以及早发现病情，为及时采取治疗措施赢得时间，制止病情的进一步蔓延，做到病情早知道，把疫病的苗头控制在萌芽状态，尽量不用药或少用药。在饲养管理下功夫，实现健康养殖，降低成本，节省不必要的开支。以下几种简单易行识别猪病的方法，可以通过观察猪只的毛色、睡眠情况、采食状况、呼吸症状、行走姿势、唇鼻、排泄物（粪便、尿液）的变化等，及早判断猪的健康状况。

（1）看粪便。健康猪排出的粪便柔软湿润，呈圆锥状，没有特殊气味。若粪便稀薄呈稀泥状，排粪次数明显增多，或大便失禁，多为肠炎，肠道寄生虫感染。仔猪排出灰白色、灰黄色或黄绿色水样粪便并带腥臭味，为仔猪白痢。粪便稀烂或泥水状，排粪次数多而腥臭，混有鼻涕状的黏液，可能是消化不良引起慢性胃肠炎。大便失禁，多为采食腐烂霉变的饲料，引起胃肠炎，或肠道寄生虫感染所致。粪便干燥、硬固、量少呈算盘子状，属于热性病症状的大便秘结，大多数是缺乏水和盐所致。若是粪便带有血，而且是鲜红色的，极可能是肠道出血。如果是黑暗色的粪便，可能是胃出血。

（2）看眼神。健康猪两眼明亮有神，眼皮不停地闪，眼球转而不停，一旦发现有异常时，迅速张眼抬头张望观察周围动静，提防外来的危险。患病猪眼睛无神，眼睑下垂，半开半闭或者眼睛睁不开，眼睛周围有眼屎或流眼泪，眼结膜潮红或充血，眼睑肿胀。

（3）看耳朵。健康猪的耳朵半垂立或平行猪头，时常扇动，当有人走近时，立即半竖起耳朵，抬头张望察听动静；如耳朵垂下不动，有动静时没有一点反应，表明身体不舒服。

（4）看食欲。健康猪的食欲旺盛，将每餐所投的饲料采食干净；如果没有食欲或采食量突然下降，精神呆滞站立不动或卧地不起，呻头而睡，精神不振，喜欢饮水，甚至停食则是病态表现，多为热性病。

（5）看皮毛。健康猪的皮毛光滑而有弹性，触摸时有反应和温暖感，毛的摆向有序、整齐整洁；如果毛长而杂乱、粗硬、枯燥、没有弹性，属于缺乏营养或患有寄生虫的表现。若皮毛干枯、粗乱无光，则是营养不良或病猪。若皮肤表面发生肿胀、溃疡、小结节，多处出现红斑，特别是出现针尖大小的出血点，指压不褪则为病态。如猪皮肤粗硬而且缺乏弹性，有冷觉，或有红斑、烂斑、肿块、溃疡等亦为病态。

（6）听声音。健康的猪发出的声音有节奏、雄亮清脆；病猪发出的叫声嘶哑、没有规律、时高时低，断断续续并伴有咳嗽的，肺部可能已受到感染或食道有异物。

（7）看呼吸。健康正常的猪，呼吸频率为 10 ～ 20 次 / 分钟；如果是喘大气似拉风箱，呼吸加快或缓慢，喘气的声音时高时低，有气无力的状态，均属于不正常的表现。

（8）看动作。健康猪遇到生人走进来有动静时，眼睛迅速张开环视周围，半竖起耳朵猛抬头，反应迅速，应声而来；若反应迟钝或没有反应，头耳下垂不动，精神沉郁，表明身体不舒服。

（9）看颈部。健康猪的头颈部活动自如，头部可上下、左右移动；如果头颈运转不自如，生硬和有高低不平，或喉咙有肿块的现象，属于患病的表现。

（10）看鼻液。健康的猪鼻没有鼻液，鼻镜湿润而干净。鼻流清涕，多为风寒感冒，鼻涕黏稠是肺部有热的表现，鼻液含泡沫，是患有肺水肿或慢性支气管炎等疾病。若鼻孔渗出大量的鼻涕浓臭难闻，咳嗽不止，又喘大气，表明肺部已感染，可能是肺炎或是传染性胸膜肺炎。

（12）看睡姿。健康猪基本侧躺睡觉，肌肉松弛，呼吸节奏均匀。病猪常常整个身体贴在地上，疲倦不堪地俯睡，如果呼吸困难，还会像狗一样蹲坐。若是身体贴着地面趴住像狗一样睡，表明胸部或胃腹部不堪重负，呼吸困难，头着地或不断地回头左右张望，属于患病严重的表现。

（13）看尿液。健康猪尿液无色透明，没有异常气味，病猪尿液少而黄稠，排尿断断续续时多时少，或尿带有红色，这可是尿路感染或是泌尿系统结石所致。

（14）看蹄脚。健康的猪蹄脚完好无损，蹄甲整齐而没有裂痕；若蹄叉、蹄冠处出现腐烂、水泡、红肿，或四脚不平衡、不对称，某一个脚仅点着地，均为病症的表现。

（15）听心跳。健康正常的猪，心跳为 60 ～ 80 次 / 分钟；在正常的情况下，心跳减缓或加快，均属于患病症状。

（16）量体温。成年猪的正常体温为 38 ～ 39℃，不同年龄的猪体温略有差别，保育猪一般为 39℃；一般傍晚的正常体温比上午高 0.5℃。体温高于正常范围并伴有其他发热症状的，则可判断为发烧，体温升高 1℃ 以内的为低烧，升高 1 ～ 2℃ 的为中烧，升高 2℃ 以上的为高烧。猪只体温超过或低于正常范围较小的，表明猪只属于亚健康状态。体温过高，多数是传染病，过低则可能是营养不良、贫血、寄生虫病或濒死期。

根据检查的猪只情况做好详细记录，如品种、体重、出生日龄、发病时间、栏号、症状等，并做好标记。

综合上述症状进行判别，可较容易地发现猪的患病情况，各种疾病均有着明显的症状和特征，一些疾病是喂养上或环境气候的突然变化造成的，对这些原因所引起的疾病，只要在饲料上进行调整和提供保温设施，可不必打针服药，能正常进食并吃饱则会逐渐转好。如果需要治疗，以对症治疗、标本兼治为原则，正确使用治疗药物，不得滥用抗生素，以免造成耐药性。对于病重的猪只立即隔离观察治疗，经 2 个治疗方案无效的一律淘汰。给弱猪提供舒适的垫板和保温灯，给予特别的营养，补充维生素和铁剂。在猪的日常饲养管理过程中，只要勤走动、早观察，及早发现猪全身各部位的异常状况，为预防和治疗提供快速的依据，这样才能做到有备无患，预防为主，防治结合，减少发病率，实现稳定的健康养殖。

第八章　猪繁殖率低的主要原因

猪是家畜中繁殖率最高的，若技术水平管理到位，平均每头母猪每年可提供25头肉猪出栏。但绝大部分猪场达不到该技术水平，很多养殖场均停滞在16头左右的水平，严重影响生产效率。经过生产实践和调查发现，造成猪繁殖率低的主要原因为配种受胎率低、窝产仔头数较少、仔猪成活率低。

一、配种受胎率低

配种受胎率低主要有以下原因。

（1）一些规模较小的猪场和散养户，精子保存不当、输精不到位或输精后精液倒流。

（2）母猪还未到排卵时间就输精。

（3）精液质量不合格或精子数量不够。

二、窝产仔头数较少

窝产仔头数不多主要有以下原因。

（1）每个情期只配种 1 次。

（2）配种时间过早。

（3）精液量不够。

三、仔猪成活率低

根据调查统计，猪的死亡，80%是发生在哺乳阶段。即使配种受胎率高、产仔头数多，每窝产 12 ~ 14 头，到断奶时只剩下 6 ~ 8 头，仔猪成活率低。原因如下。

（1）管理不到位。

①管理人员责任心不强，不巡逻猪场。

②不安排人员值班接生，即使安排有人值班接生，但夜班人员不负责任。

③没有逐个喂初乳，而是把刚出生的仔猪先保温，待产完一窝猪以后才一起喂初乳。

④等兽医人员打猪瘟疫苗后，再喂初乳。

⑤刚出生的仔猪得不到及时哺乳。

⑥不保温，仔猪睡不好。

⑦不剪牙、不去尾；不分群，仔猪互相打架。

⑧不固定乳头，生长参差不齐，僵猪多。

⑨卫生条件差，不消毒，鼠害严重。

（2）饲喂品质差的饲料。

①所购饲料原料品质一般或陈旧。

②饲喂已发霉变质的饲料。

③饲料种类少，营养不齐全。

④饲喂超过使用期的饲料。

⑤饲料有量没质或有质没量，甚至没质没量。

⑥饲料受到农药、化肥、水质的污染。

（3）高温、低温、潮湿。

①高温：炎热天气，持续高温，母猪采食量减少，泌乳量严重下降，仔猪吮乳量不足。

②低温：每年春节至清明前，华南地区阴雨连绵，气温低，细菌、病毒繁殖快不断入侵；冬、春季温度较低，又没有给仔猪提供保温条件，寒气入侵。

③地板冰冷、潮湿，长时间不干燥。

④昼夜温差太大。

（4）饮用水不干净。

①饮用水已受到病菌、病毒的污染。

②不符合饮用标准的水。

③饮水杯里有尿液或粪便。

（5）滥用药。

①不管是什么病，直接注射青霉素、链霉素。

②简单的病，用多种药。

③使用过期的药。

④使用没有科学依据的偏方。

⑤使用能一针见效的"万能药"。

⑥不诊断乱打针。

（6）疾病多发，交叉感染。

①从国外引种时带进来的：如布鲁氏杆菌病、口蹄疫、猪瘟、细小病毒病、附红细胞体病、蓝耳病、伪狂犬病等。

②国内爆发的：新病出现，老病复发，几种疾病综合一身。

第九章　猪场生物安全管理

猪场的生物安全管理，是为了降低或隔绝病原进入猪场及传播的风险，保证猪群能正常顺利生产。当前，生猪养殖行业疾病流行严重，呈现出"新病出现、老病复发"的态势，特别是非洲猪瘟病毒与变异毒株并存的大面积流行，目前还没有研究出安全有效的疫苗。因此，猪场只有加强内部管理，通过构建完善的生物安全设施、彻底消灭传染源、切断传播途径，才能实现对非洲猪瘟和其他疾病的有效控制。

一、猪场卫生管理

保持场内整洁干燥，每天打扫地面卫生，清理垃圾和粪便，清洗用具。

不饲喂发霉变质饲料，提供符合饮用标准的水，最好是地下水。

栏舍舒适安静、温度适宜、通风透气、光线充足、避寒防暑。

二、猪场防疫管理

养殖场周围设围墙，猪场大门口设车辆专用门的消毒池，车辆进出经过消毒池，侧边设值班室和消毒通道，进入猪场人员一律下车，进入消毒通道进行自动感应消毒。销售猪只和猪粪，在养殖场后门围墙外进行，其他人员不得进入装猪台及生产区，以免带来某种不确定的因素。

所有进入场内生产区的饲养人员，必须进行登记，经过冲洗、更衣、换鞋、消毒；禁止非生产人员进入生产区；区与区、栋与栋之间的饲养员不得乱走，用具不能交叉使用。

每15天用几种广谱、高效、低毒的碱性消毒药物，对场地、栏舍、料槽、车辆、用具、药械、猪体等进行交替喷雾，杀灭病毒病菌。

监测猪群抗体水平，制定科学的免疫程序，选用优质疫苗进行免疫接种。

禁止场内人员到场外就诊和从事其他技术服务工作。

严禁外来人员和车辆进入生产区；装载粪污或病死猪的本场车辆，以及工作人员，返回时应彻底消毒后再入场区。

已出场猪只不可返回生产区。

三、其他管理

养殖场内禁止养殖其他畜禽类和宠物，杜绝猫、狗等串入栏舍。

定期杀灭老鼠、蚊虫、蟑螂、蚂蚁、苍蝇等寄生虫和吸血虫，减少或防止外来媒介对猪的侵袭和传播疾病，以及对饲料的蚕食和对麻袋、水管、电线、保温材料的破坏。

引种时，到非疫区持有《动物防疫条件合格证》和《种畜禽生产经营许可证》的健康种猪场引入，优先考虑从获得国家农业农村部或省（自治区）级疫病净化评估认证的种猪场引种，购回的种猪隔离观察 30～45 天无异常后，采血送往有资质的兽医检查机构进行口蹄疫、猪瘟、伪狂犬病、蓝耳病、圆环病毒病等免疫抗体检测，以及口蹄疫、猪瘟、伪狂犬病、蓝耳病、圆环病毒病、布鲁氏杆菌病、萎缩性鼻炎等病原学检测或免疫学检测，确认抗体水平良好且主要致病菌和病毒感染为阴性时，进行 1 次全面驱虫和体表消毒后，方可放入养殖场的无毒猪舍。

对病猪进行隔离观察，不得销售；病死猪的尸体进行无害化集中处理。

不滥用药和超量用药，严禁使用违禁药品。

严禁购买牛、羊、猪肉类产品进入猪场，不允许食用场内的病死猪。

掉落地上的饲料，马上打扫干净，预防鸟类串入舍内。

疫苗瓶、过期药物、玻璃瓶、针头等，做专门的处理。

定期驱虫，减少或预防病原和寄生虫的扩散。

用药有效期内，禁止销售猪只。

四、猪耳标的作用

猪耳标作为猪的身份识别，便于从饲养到屠宰销售的全程检疫跟进。

当前正大力推进生猪养殖的信息管理和猪肉等食品溯源管理，政府部门和消费者可以通过电子耳标的识别功能，跟踪监控动物从出生→生长→屠宰→销售→消费者→最终消费端的整个过程。

（1）有利于动物疫病控制。

电子耳标，可以将每头猪的耳号与其品种、来源、生产性能、免疫状况、健康状况、畜主等信息管理起来，一旦发生疫情和肉类产品质量问题等，即可追踪其来源，分清责任，堵塞漏洞，从而实现畜牧业的科学化、制度化，提高畜牧管理水平。

（2）有利于安全生产。

电子耳标是对数量众多的猪只，做到明确的识别和详细管理的绝佳工具。通过电子耳标，养殖企业可及时发现隐患，迅速采取相应控制措施，保证安全生产。

（3）提高养殖场的管理水平。

在生猪养殖场为每一头生猪打上耳标，实现猪个体的唯一标识后，通过手持机进行读写的方式，实现猪个体的用料管理、免疫管理、疾病管理、死亡管理、称重管理、用药管理、出栏记录等日常信息管理。

（4）便于国家对畜产品的安全监管。

一头猪的电子耳标标码是终身携带的，通过这个电子标码，可以追溯该猪的养殖场、购买商、屠宰厂、猪肉销售流向，如果是卖给熟食加工的商贩，最后也会有记录。这样的标识功能有利于打击售卖病死猪肉的一系列参与者，监管国内畜产品的安全，确保民众食用到健康的猪肉。

第十章　猪常见疾病诊断与防治

一、传染病诊断与防治

1. 非洲猪瘟

非洲猪瘟，是由非洲猪瘟病毒感染家猪和各种野猪而引起的一种急性、出血性、烈性传染病。世界动物卫生组织将其列为法定报告动物疫病，该病也是我国重点防范的一类动物疫情。

（1）症状。非洲猪瘟前期3～4天猪无食欲，表现为极为脆弱，躺在舍圈不动弹，强制驱赶其走动，则显示出极度累弱，脉搏加快，咳嗽，呼吸快约1/3且呼吸困难，浆液或黏液脓性结膜炎，有些毒株会引起带血的下痢、呕吐等。呈最急性或急性感染，死亡率高达100%。非洲猪瘟发病前期症状临床表现为发热，食欲减退，心跳加快，呼吸困难，部分咳嗽，眼、鼻有浆液性或黏液性脓性分泌物，皮肤发干，淋巴结、肾、胃肠黏膜明显出血，一旦发现应及时隔离，避免疾病的传播（图10-1）。

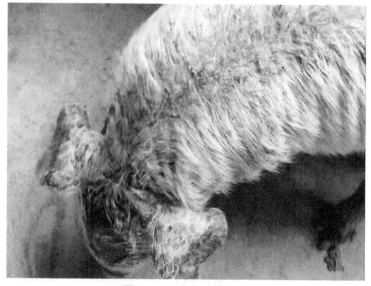

图 10-1　非洲猪瘟症状

（2）预防。定期消毒场地、栏舍、猪体和用具。严格管控人员进出。每15～30天，采用清热解毒的中草药煲水拌料饲喂1次。全面做好防鼠、防蚊、灭蟑螂、灭蚂蚁工作。时刻保持栏舍的清洁卫生和舍内湿度。及时清理污染物，一旦出现可疑病例，马上隔离。

（3）治疗。目前尚无治疗非洲猪瘟的特效药。

2. 蓝耳病

蓝耳病的学名为猪繁殖与呼吸综合征。从名称即可看出，它的症状主要表现在生殖系统和呼吸系统。

（1）病因。蓝耳病是由猪繁殖与呼吸障碍综合征病毒引起的，以各种年龄猪特别是仔猪呼吸障碍为特征的高度传染性疾病。

（2）症状。发病猪表现为发烧，体温41℃左右，以40.5℃最常见。精神沉郁，不吃食；眼结膜炎、眼睑水肿；咳嗽、气喘、呼吸困难、腹泻、肌肉震颤、共济失调、有的跛行或瘫痪，鼻孔流出泡沫或浓鼻涕等分泌物；皮肤发红，耳部、外阴、尾、鼻发紫，腹下和四肢末梢等处皮肤呈紫红色斑块状和丘疹状；部分病猪出现后躯无力、不能站立等神经症状；母猪流产率超过30%，妊娠母猪晚期流产、早产、产死胎、弱胎和木乃伊胎，继发感染严重时成年猪也可发病死亡；死亡率可达50%以上。

（3）预防。自繁自养建立稳定的种猪群，若需引种时，严格检疫和隔离观察后再混养。建立生物安全体系，进出人员、物品、车辆彻底消毒。及时做好各种传染病疫苗的预防接种。

（4）治疗。目前无特效药。

3. 猪口蹄疫

（1）症状。以蹄部有水疱，蹄冠、蹄叉、蹄踵等发红或溃烂，体温升高为特征。有继发感染时蹄壳可能会脱落。感染的病猪喜欢卧着，口腔、舌头、乳房均可看到蓝斑，仔猪可因肠炎和心肌炎死亡。

（2）预防。老疫区和受威胁区可用猪口蹄疫灭活疫苗预防。日常卫生工作要做到位，消毒要彻底。

（3）治疗。目前尚没有药物治疗。

4. 猪细小病毒病

猪细小病毒病是病毒引起的繁殖机能障碍性传染病，尤以初产母猪受害更大。

（1）病原。猪细小病毒属细小病毒科细小病毒属，无囊膜，有血凝性。猪是该病毒的唯一宿主，母猪、公猪、野猪均有感染可能。

（2）症状。猪群爆发此病时常与木乃伊胎、窝仔数减少、母猪难产和重复配种等有关。在妊娠早期30～50天感染，胚胎死亡或被吸收，使母猪不孕和不规则地反复吸收。妊娠中期50～60天感染，胎儿死亡之后，形成木乃伊胎；妊娠后期60～70天以上的胎儿有自免疫能力，能够抵抗病毒感染，大多数胎儿能够存活下来，但可能长期携带病毒。

（3）病理变化。病变主要在胎儿，可见感染胎儿充血、水肿、出血体腔积液、死胎（木乃伊胎）及坏死等病变。

（4）防治。除经常消毒外，特别要防止引进有病的公猪或猪精液。发现母猪有疑似该病的状况，应对病猪和猪群进行检疫，剔除病猪。健康猪群和假定健康猪，用猪细小病毒弱毒疫苗或灭活疫苗接种。

5. 猪传染性胸膜肺炎

猪传染性胸膜肺炎，是由胸膜肺炎放线杆菌引起的一种接触性传染病，是一种常见的猪呼吸道疾病，以急性出血性纤维素性胸膜肺炎和出血性肺炎为主要病理特征。

（1）临床症状。猪传染性胸膜肺炎的潜伏期因其毒株、毒力和感染量不同而有所差异，在猪场生产中一般感染潜伏期为1～7天，毒力较弱或感染量低的猪群潜伏期可达4～12天。依据发病猪只的临床发病特点，可分为最急性型、急性型、亚急性型和慢性型4种类型。

最急性型：突然发病，病猪体温升高至41～42℃，心率增加，精神沉郁、废食，出现短期的腹泻和呕吐症状，早期病猪无明显的呼吸道症状。后期心衰、鼻、耳、眼及后躯皮肤发绀，晚期呼吸极度困难，常呆立或呈犬坐式，张口伸舌，咳喘，并有腹式呼吸。临死前体温下降，严重者从口鼻流出泡沫血性分泌物。病猪于出现临床症状后24～36小时内死亡。有的病例不表现任何临床症状而突然死亡。病死率高80%～100%。

急性型：病猪体温升高达40.5～41℃，严重的出现呼吸困难、咳嗽、心衰、皮肤发红、精神沉郁。由于饲养管理及其他应激条件的差异，病程长短不定。所以，在同一猪群中会出现不同病程的病猪，如亚急性型或慢性型。

亚急性型和慢性型：多于急性型后期出现。病猪轻度发热或不发热，体温在39.5～40℃，精神不振，食欲减退。不同程度的自发性或间歇性咳嗽，呼吸异常，生长迟缓。病程几天至1周不等，可自愈，当有应激条件出现时，症状加重，猪全身肌肉苍白，心跳加快而突然死亡。

（2）解剖病变。主要是上呼吸道和肺脏发生病变。肺脏呈紫红色，通常发生双侧性肺炎，往往在尖叶、心叶及膈叶上存在病灶，与周围健康组织存清晰界线。纤维素性胸膜炎可扩散至整个肺脏，导致肺脏和胸膜发生粘连，即肺与胸膜纤维素性粘连，严重者整个肺与胸壁、纵隔膜粘连，心包膜与肺粘连，心外膜与心包膜粘连，心包膜与肺粘连。

（3）预防。加强卫生管理和场地、栏舍的消毒工作，防止病毒病菌滋生。按时接种疫苗，可有效预防病原微生物的传播，提高猪的自身抵抗力。发现病猪应及时隔离，避免感染其他猪只。

（4）治疗。该病的隐性感染率较高，在引进种猪或饲养种猪时，应注意隔离观察和检疫，防止引入带病猪，保证种猪健康。发病后，可采取以下措施。

①将病猪隔离治疗，并对猪只进行血清检查，呈阳性的猪一律淘汰，以达到净化。随后在料中普遍饲喂药物添加剂，进行药物预防。

②改善环境卫生，消除应激因素，用2%氢氧化钠（烧碱）进行栏舍消毒，用消毒威、百菌消给猪消毒。

③种猪分别在春季和秋季注射疫苗；6～8周龄首次免疫1次，10～12周龄再免疫1次，可获得保护。

（5）治疗。早期治疗是提高疗效的重要条件，有效的药物有环丙沙星、卡那霉素、土霉素、四环素、恩诺沙星、替米考星、氟苯尼考、支原净、泰乐菌素等。采用上述某种抗生素治疗时，添加中草药鱼腥草溶液进行肌肉注射，连续用药3～5天，每天注射2次，可以达到治疗效果。

6. 猪传染性胃肠炎

猪传染性胃肠炎，是由病毒引起的一种迅速传播的肠道传染病。其症状是呕吐、严重腹泻和脱水。各年龄的猪均可感染，2周龄以内的仔猪发病率和死亡率极高；断奶猪、育肥猪和成年猪发病轻微，并能自然康复。该病以12月至翌年4月发病最多，夏季很少发病。

（1）病原。病原为猪传染性胃肠炎病毒，存于病猪各器官、体液和排泄物中，以小肠黏膜和肠系膜淋巴结含毒量最高。该病毒对外界环境的抵抗力不强，阳光照射6小时或煮沸立即被杀死。一般消毒药，如0.5%石炭酸溶液浸泡30分钟也可杀死该病毒。

（2）症状。1～2周龄以内的仔猪感染后12～24小时会出现呕吐，继而出现严重的水样或糊状腹泻，粪便呈黄色，常夹有未消化的凝乳块，恶臭，体重迅速下降，仔猪明显脱水，发病2～7天死亡，死亡率达80%。2～4周龄的仔猪死亡率20%。断乳猪感染后2～4天发病，出现水泻，呈喷射状，粪便呈灰色或褐色，个别猪只呕吐，在5～8天后腹泻停止，极少死亡，但体重下降，常表现为发育不良，成为僵猪。

（3）预防。提倡自繁自养，不在疫区引进猪只，以免传入该病。发现病猪应立即隔离，并用3%烧碱或20%石灰水消毒猪栏、场地、用具等。母猪产前1个月接种猪传染性胃肠炎和猪流行性腹泻疫苗。

治疗：①耳静脉滴注葡萄糖溶液、碳酸氢钠、维生素C等。②用鸡新城疫1系苗以灭菌生理盐水稀释500倍，皮下注射3～5 ml，每天1次，连用2天。③采用草药蓄桃树叶、桧子树叶、地苍根、飞扬草、山芝麻、救必应、鱼腥草、八仙草、飞天蜈蚣、鬼针草等，任选3～5种鲜品切碎或煲水，加适量百草霜（锅底灰）拌料喂，均可以预防和治疗该病。

7. 猪链球菌病

猪链球菌病是由链球菌感染引起的。

（1）病因。该病全年均可发生，但以5～11月较高发，大小猪均可感染发病。病猪和病愈带菌猪，是该病的主要传染源。病原体存在于各脏器、血液、肌肉、关节、分泌物和排泄物中。病死猪的内脏和废弃物是造成该病流行的重要因素。主要经呼吸道和损伤的皮肤传染。呈地方流行性，在新疫区多呈爆发，发病率和死亡率很高。在老疫区多呈散发，发病率和死亡率很低。

（2）症状。

①败血型：分为最急性、急性和慢性。其中，最急性病例主要见于流行初期，发病急、病程短，往往不见任何异常症状就突然死亡。急性病猪表现为精神沉郁，体温升高达43℃，出现稽留热，食欲不振，眼结膜潮红、流泪，鼻腔中流出浆液性或脓性分泌物，呼吸急促，伴有咳嗽，颈部、耳郭、腹下及四肢下端皮肤呈紫红色，有出血点，出现跛行，病程稍长，多在1～3天内死亡。慢性型病例多由急性型转变而来，病猪多为多发性关节炎，表现为关节肿胀、疼痛，高度跛行，甚至不能站立，严重的可瘫痪，病程可达2～3周。

②脑膜炎型：以脑膜炎为主要症状。多发生于哺乳仔猪和断奶仔猪，主要表现为神经症状，如运动失调，盲目走动，转圈，空嚼，磨牙，仰卧，后躯麻痹，侧卧于地，四肢呈游泳状划动等。病程短的几小时，长的1～5天，致死率极高。病程长的表现为多发性关节炎。病猪耳朵、颈下、胸前、腹下、四肢内侧等部位皮肤红紫，指压不褪色，成为"红皮猪"。有的病猪后肢麻痹，不能站立，

卧地不起。部分病猪可见耳郭、尾、四肢末端坏死。有的病猪流涎，心悸，呼吸加快，咳嗽，眼结膜发炎，病程 3 ～ 7 天，或死亡或转为慢性。

③淋巴结脓肿型：该型是由猪链球菌经口、鼻及皮肤损伤感染引起，多见于断奶仔猪和育肥猪。主要表现为在颌下、咽部、耳下、颈部等部位的淋巴结化脓和形成脓肿，病程 3 ～ 5 周。

（3）预防。对猪只进行菌苗接种。阉割、注射和接生断脐带等手术时要注意消毒，防止感染。搞好清洁卫生和场地消毒，保持栏舍干燥。

（4）治疗。一旦出现病猪应立即隔离治疗，栏舍、用具等用 10% 石灰乳或 2% 氢氧化钠消毒。病猪用大剂量青霉素可治愈，但宜早治。

8. 猪伪狂犬病

猪伪狂犬病，是由病毒引起的家畜及野生动物的急性传染病。在家畜中以猪、牛、羊最易感，实验动物中以兔、小白鼠、豚鼠最敏感。小猪比成年猪易感。该病多发于冬、春两季。

（1）病原。病原为疱疹病毒，主要存在于脑脊髓组织，在败血症时存在于血液和实质器官，恢复后 1 个月内仍带毒。母猪带毒时间长，可产生垂直感染。病毒对热、烧碱等敏感，但对石碳酸抵抗力较强。传染源是带毒鼠类、带毒猪和病猪。传染途径是消化道、呼吸道及损伤的皮肤。

（2）症状。

①发病仔猪最初眼眶发红，闭目昏睡，接着体温升高到 41 ～ 41.5℃，精神沉郁，口角有大量泡沫或流出唾液，有的病猪呕吐或腹泻，内容物为黄色，初期以神经紊乱为主，后期以麻痹为特征。最常见的是抽搐，癫痫发作，角弓反张，盲目行走或转圈，呆立不动。出现神经症状的仔猪几乎 100% 死亡，发病仔猪耐过后往往发育不良或成为僵猪（图 10-2）。

②1 日龄以上的仔猪到断奶后小猪症状轻微，体温升高到 41℃ 以上，呼吸短促，被毛零乱，不食或食欲减退，耳尖发紫，发病率和死亡率都低于 15 日龄以内的仔猪。

③4 月龄左右的猪只，发病后只有轻微症状，有数日的轻热，呼吸困难，流鼻液，咳嗽，精神沉郁，食欲不振，有的呈犬坐姿势，有时呕吐和腹泻。

④母猪有时出现厌食、便秘、震颤、惊厥、视觉消失或结膜炎，有的分娩延迟或提前，有的产下死胎、木乃伊胎或流产，产下的仔猪初生重小、衰弱，弱胎 2 ～ 3 日后死亡，流产发生率为 50%。

（3）防治。防鼠、灭鼠，以控制和消灭该病鼠传染源。在疫区，注射鸡胚细胞氢氧化铝甲醛疫苗。隔离处理病猪。

图 10-2　猪伪狂犬病症状

二、猪寄生虫病

1. 猪疥螨病

该病是由猪疥螨寄生在猪的皮肤内所引起的一种接触性传染的慢性皮肤寄生虫病，仔猪最容易感染。病猪以皮炎和奇痒为主要症状。患病猪常在墙角、粗糙墙体上摩擦挠痒，导致皮肤粗糙、肥厚、落屑、皲裂、污秽不堪等。

（1）病因。虫体很小，肉眼不易看见，形状呈圆形或龟形，暗灰色，腹背扁平，头、胸、腹融合一起。幼虫有足 3 对，前 2 对、后 1 对。虫卵椭圆形，两端较钝、透明、灰白色。

（2）症状。主要是皮肤发炎、脱毛、奇痒和消瘦。该病通过从皮肤细薄、体毛短小的头部、眼下窝、耳壳、腹下开始，然后延及颈、肩胛、背部、躯干两侧及后肢内侧等部位。病初患部皮肤发红且奇痒，病猪经常往墙角、树干、柱栅等处摩擦挠痒，使皮肤上出现丘疹、水疱，破溃后结痂脱毛。如有细菌感染时，则形成化脓灶，以致皮肤角质增厚，使皮肤失去固有机能，毛囊破坏、脱毛、落屑，还可能出现减食、精神沉郁、消瘦和贫血等症状。

（3）预防。搞好清洁卫生，保持栏舍干燥，定期消毒场地。

（4）治疗。敌百虫和废机油调匀，涂擦患处，每 3 ～ 5 天涂擦 1 次。除癞灵针剂稀释后，喷洒栏舍和猪群。伊维菌素或阿维菌素针剂进行肌肉注射，用量按说明书使用。螨净、双甲脒等喷洒栏舍和猪群，用量按说明书使用。害获灭进行肌肉注射，用量按说明书使用。

2. 猪蛔虫病

该病是由猪蛔虫寄生在猪的小肠内，引起的一种寄生虫病。该病较普遍，对3～4月龄的小猪危害严重，其生长发育受到很大影响，严重时可引起死亡。

（1）病因。成虫为淡黄白色，圆柱状的大型条虫，长12～40 cm；虫卵暗褐色或灰色，外层被有较厚的边缘不整齐的蛋白质外膜。寄生在猪小肠内的成虫，雌雄交配后，雌虫产生大量虫卵，虫卵随粪便排出体外，在适当的温度和湿度下，虫卵经10天左右发育为幼虫。幼虫在卵内经过一次蜕化而变为第二期幼虫。当虫卵被猪吞食后，其外壳经小肠液的消化、溶解，幼虫逸出，钻入肠壁移行和发育。多数幼虫进入血管，随血流进入肝脏或少数进入肠壁，从腹腔移行至肝，再经血管到肺，生长、发育后，经细支气管移行到咽喉部，再经口腔被吞咽到消化道，在小肠内发育为成虫。

（2）症状。一般仔猪常因幼虫在体内移行呈现肺炎症状，表现咳嗽、体温升高到约40℃，食欲减退，呼吸频率加快。病猪情况比较严重时，主要表现出精神萎靡，呼吸急促，心跳加快，食欲时坏时好，出现异嗜癖，消化机能发生障碍，腹泻，磨牙，被毛粗乱，生长速度缓慢，发育不良，贫血消瘦，体重下降。病猪通常处于躺卧状态，不喜运动，有时经过2周左右可能会自动好转或继续虚弱。当肺部被幼虫侵袭时出现咳嗽、肺炎、呼吸急促的现象，且没有规律性。此外，病猪会出现呕吐、流涎、饮欲、腹泻等增加的情况。如果此时病猪并发猪瘟、流感、猪气喘等疾病，一般会在肺脏中感染的幼虫的协同作用下，病情明显加重，最终导致死亡。

（3）诊断。除根据临床症状诊断外，还可以进行粪便检验和尸体检验。

（4）预防。定期驱虫。在规模化猪场，要对全群猪驱虫；公猪每年驱虫2次；母猪产前1～2周驱虫1次；仔猪转入新圈时驱虫1次；新引进的猪需驱虫后再和其他猪并群。产房和猪舍在进猪前应彻底清洗和消毒。母猪转入产房前要用肥皂清洗全身。在散养的育肥猪场，对断奶仔猪进行第一次驱虫，4～6周后再驱1次虫。在广大农村散养的猪群，建议在3月龄和5月龄各驱虫1次。驱虫时应首选阿维菌素类药物。保持猪舍、饲料和饮水的清洁卫生。猪粪和垫草应在固定地点堆集发酵，利用发酵的温度杀灭虫卵。已有报道猪蛔虫幼虫可引起人内脏幼虫移行症，因此杀灭虫卵对公共卫生也具有重要意义。

（5）治疗。可使用下列药物驱虫，均有很好的治疗效果。①甲苯达唑，按 10 ～ 20 mg/kg 体重，混在饲料中喂服。②氟苯咪唑，按 30 mg/kg 体重，混在饲料中喂服。③阿苯达唑，按 10 ～ 20 mg/kg 体重，混在饲料中喂服。④阿维菌素、伊维菌素或多拉菌素，按 0.3 mg/kg 体重，肌肉注射或口服。⑤中药使君子，0.5 kg/50 kg 体重煲水拌料喂，每天 1 次，连喂 2 天。

3. 猪附红细胞体病

（1）病因。猪附红细胞体病立克次氏体的附红细胞体引起，主要感染猪的细胞，引起以发热、贫血、黄疸为特征的病症。夏秋季节是该病多发时期，冬季较为少见。猪通过皮肤和黏膜的直接接触及节肢昆虫传播该病，在蚊虫滋生的季节和地区，该病的发病明显升高。猪附红细胞体感染后可以引起猪的免疫抑制，造成对其他病原易感。

（2）症状。

①哺乳仔猪，5 日内发病症状明显，新生仔猪出现全身皮肤潮红，精神沉郁，吮乳减少或食欲不振，突然死亡。一般 7 ～ 10 日龄多发，体温升高，眼结膜苍白或黄染，贫血症状，四肢抽搐、发抖，腹泻，粪便深黄色或黄色黏稠，有腥臭味，死亡率为 20% ～ 90%，部分很快死亡。大部分仔猪临死前四肢抽搐或划地，有的角弓反张。部分治愈的仔猪会变成僵猪。

②育肥猪根据病程长短不同，可分为 3 种类型。

急性型病例较少见，病程 1 ～ 3 天。

亚急性型体温升高，39.5 ～ 42℃。病初精神萎靡，食欲减退，颤抖转圈或不愿站立，离群卧地。出现便秘或腹泻，有时便秘和腹泻交替出现。病猪耳朵、颈下、胸前、腹下、四肢内侧等皮肤红紫，指压不褪色，成为"红皮猪"。有猪两后肢发生麻痹，不能站立，卧地不起。部分病猪可见耳郭、尾、四肢末端坏死。有的病猪流涎，呼吸加快，咳嗽，眼结膜发炎，病程 3 ～ 7 天，或死亡或转为慢性。

慢性型病猪体温 39.5℃左右，主要表现为贫血和黄疸。患猪尿呈黄色，大便干如栗状，表面带有黑褐色或鲜红色的血液。生长缓慢，出栏延迟。

③母猪分为急性型和慢性型 2 种。

急性感染的症状为持续高热（体温高达 42℃），厌食，偶有乳房和阴唇水肿，产仔后奶水少，缺乏母性。

慢性感染猪表现为衰弱，黏膜苍白及黄疸，不发情或屡配不孕。如有其他疾病或营养不良，可使症状加重，甚至死亡。

（3）预防。加强饲养管理，保持猪舍、饲养用具卫生，减少不良应激等，是防止该病发生的关键。夏、秋季节要经常喷洒杀虫药物，防止蚊虫叮咬猪群，切断传染源。在实施预防注射、断尾、打耳号、阉割等饲养管理程序时，均应更换器械、严格消毒。购入猪应进行血液检查，防止引入病猪或隐性感染猪。

（4）治疗。①血虫净（或三氮脒、贝尼尔），按 5～10 mg/kg 体重，用生理盐水稀释成 5% 溶液，分点肌肉注射，每天 1 次，连用 3 天。②咪唑苯脲，按 2 mg/kg 体重，每天 1 次，连用 2～3 天。③四环素、土霉素（按 10 mg/kg 体重）和金霉素（按 5 mg/kg 体重），口服、肌肉注射或静脉注射，连用 7～14 天。④新砷凡纳明，按 10～15 mg/kg 体重，静脉注射，一般 3 天后症状可消失。

三、普通疾病诊断与防治

1. 猪胃肠炎

（1）病因。猪采食发霉变质的饲料，或饮用不卫生的水源；长途运输受寒，猪舍卫生条件差，突然更换饲料，环境变化等，均可引起胃肠炎。

（2）症状。突然出现剧烈而持续的拉稀如水样，后肢沾满污粪。病猪弓背、食欲减退、毛焦皮皱、衰弱无力、呼吸加快、四肢发凉。粪便中混有黏液、血液，夹杂有未消化的饲料，恶臭难闻。

（3）预防。提供符合卫生条件的水源，不要饲喂发霉变质的饲料；搞好环境卫生；运输时要防寒，栏舍要保温，预防受冻。

（4）治疗。①严重者，静脉注射葡萄糖生理盐水 500～1000 ml。②肌肉注射庆大霉素，10 kg 以内的小猪，每头每次注射 5 ml。③伏龙肝（灶心土）100 g，木炭 30 g 混合捣碎，甘草 10 g，煮水过滤后，加入食盐 10 g 拌料喂（每 10 kg 体重的用量），每天喂 2 次，连喂 3 天。草木灰（灶灰、玉米秆灰、谷壳灰、竹壳灰）0.5 kg，加水 1.5 kg 搅拌待澄清后，取澄清液拌料喂，每天 2 次，连喂 3 天。④稔子树叶、番桃树叶、地苍根、叶下珠、山芝麻、马齿苋、大飞扬、小飞扬、仙人掌、土牛膝、石榴果壳、地胆头、鬼画符、火炭母、海金沙、鬼针草（一包针）、百草霜等，任意选用 3～5 种，捣烂或煲水拌料喂，连喂 2～3 天，可达到治疗效果。

2. 感冒发烧

（1）病因。气候骤变、时冷时热、阴雨天气、冬春寒风侵袭而发病。猪舍阴暗、潮湿或者猪舍水泥板冰凉，均可导致该病的发生。

（2）症状。流清鼻涕、咳嗽、体温升高、眼结膜潮红、怕冷、全身发抖、耳根发热、食欲减退、四肢无力、行走摇摆、背弓、尾下垂。

（3）预防。加强饲养管理，保持栏舍清洁、干燥，防止寒风和雨水侵袭。在气候多变季节，要防寒保暖，天天清粪。

（4）治疗。①肌肉注射复方氨基比林 2～10 ml，或采用安乃近、柴胡针剂 5～10 ml 注射，每天 2 次，连续进行 2～3 天。②庆大霉素加安乃近或柴胡针剂，进行肌肉注射。③板蓝根、黄茅根、仙人掌、大青叶、薄荷、紫苏叶、葱白、山芝麻、鱼腥草、金银花等草药，随意选择几种煲水拌料喂。大蒜、洋葱、薄荷捣烂煮熟加醋拌料喂。

3. 猪仔白痢

（1）病因。仔猪饮用已被细菌污染的水源和采食已霉变的饲料，或吸食已变质的乳汁。猪舍潮湿、气候突变等，会引起仔猪红、白痢病。

（2）症状。突然间出现剧烈而持续的拉稀如浆糊状，后肢沾满污粪。病猪弓背、食欲减退、毛焦皮皱、衰弱无力、呼吸加快、四肢发凉。粪便中混有黏膜、血液，恶臭难闻，甚至夹杂有未消化的饲料。

（3）预防。肌肉注射大肠杆菌二价或三价基因工程灭活疫苗，在母猪产前 30 天和 15 天各接种 1 次，通过母猪使仔猪获得保护。搞好栏舍清洁卫生、保持干燥，防潮湿和寒气侵袭。

（4）治疗。①土霉素拌料喂。敌菌净或痢菌素，进行肌肉注射，每天 2 次。②采用药用炭或百草霜（锅底灰）拌料喂，每天 2 次，连喂 3 天。③桉子树叶、番桃树叶、地苓根、叶下珠、山芝麻、马齿苋、飞扬草等鲜品，切碎捣烂或煲水拌料喂。④大蒜头捣烂加羊骨灰或草木灰水澄清液，拌料喂。⑤口服鞣酸蛋白 + 庆大霉素，连服 3 天。

4. 肚脐炎

仔猪脐带炎，是指新生仔猪脐部因感染发炎而引发的病症。

（1）病因。仔猪在出生后断脐时消毒不严，或断脐时留脐带过长，在脐带未干时相互咬、踩，加之圈舍内卫生条件差等原因，均可诱发仔猪脐带炎。

（2）症状。仔猪脐部有圆球状肿块，表面光滑发亮，呈灰暗紫色，10 日龄内的仔猪脐带部肿块直径达 3 cm，猪体消瘦，食欲不振，腹部胀气，常伴腹痛腹泻，触摸时仔猪有痛感，拒绝触碰，常引起排尿不畅。如治疗不及时，病猪可在发病后 4 ～ 5 天死亡。

（3）预防。搞好栏舍卫生，断脐时要进行严格消毒。

（4）治疗。当发现有病的仔猪时，及时将其与母猪隔离，先用高锰酸钾溶液进行脐部消毒，而后擦拭干净，外用无极膏涂抹患部，每天 2 次，一般第二天可以恢复正常。

5. 猪疝气病

（1）病因。常见于幼小猪，多因近亲繁殖、先天发育不良和后天机械性造成；采食过量，造成腹部如鼓或便秘努责、腹压增加，挤破腹膜；阉割手术的失误，如切口过大或破坏了阴囊间的腹膜及腹股沟皮下环等，使腹腔内消化器官特别是小肠，很容易从腹股沟管、脐部、腹中线或腹壁等处下坠而发生疝气。

（2）症状。在阴囊或腹部有膨胀下坠物，过分饱食或奔走时，下坠物会增大，膨大部分柔软而有弹性、无热感。以手压迫膨胀部位消失，松手后膨胀部位又复原。

（3）预防。选种选配，避免近亲繁殖；改善饲养管理，使仔猪在母体内得到充分发育；阉割、助产断脐带时，要按操作规程来操作，防止破坏阴囊间的腹膜及腹股沟皮下环，不能强行扯断仔猪脐带。

（4）治疗。最有效的方法是采用外科手术进行复原。

6. 母猪难产

（1）病因。母猪先天发育不全，骨盆太小或阴道狭窄；母猪子宫颈变形或子宫收缩能力差；胎儿异常（过大、畸形或水肿）、胎位不正、羊水排出过早。

（2）症状。分娩母猪羊水破 2 小时后，仍然不见胎儿产出，母猪睡卧不安、怒呲、呻吟不停。随着时间的拖延，难产母猪表现为衰弱无力、心跳微弱而快、打寒颤、叫声停止、呼吸轻微，严重时 2 ～ 3 天死亡。

（3）预防。避免近亲繁殖和过早配种，补充矿物质和维生素，加强运动。母猪分娩时，要有专人守护，发现难产，及时注射药物催产或人工助产。肌肉注射催产素（垂体后叶素或缩宫素），用量按生产说明书使用。人工助产，阴道中灌入花生油或甘油、凡士林等润滑剂。

7. 子宫脱出

（1）病因。由于母猪营养不良、胎儿过大、子宫过于紧张，骨盆韧带松弛、胎衣不下等，发生子宫外翻；或母猪患有严重咳嗽等疾病，导致腹内压增加而引起子宫脱出；饲喂过多发霉变质的饲料，也有可能引起本病。

（2）症状。从阴道脱出1～2条带状物，常重叠或交叉地悬挂在阴户外部，不能缩回。

（3）预防。改善饲养管理，饲喂容易消化、营养丰富的饲料，助产时要与母猪相配合，牵拉胎儿时不要用力过猛、过快，以防损伤产道或拉出子宫，造成子宫脱出。加强病猪护理，栏舍保持清洁干燥，防滑。

（4）治疗。患部用3%～5%明矾水或硼酸水洗涤干净，再涂食醋或盐水；如有发炎、坏死，则洗后撒磺胺粉或青霉素粉，然后将猪倒提保定，整复脱出的子宫，再在阴户两侧各注射70%酒精3～5 ml，或沿外阴户作袋口缝合。

8. 母猪产后瘫痪

（1）病因。母猪产后瘫痪的原因很多，如饲养管理因素、环境因素、繁殖因素、疾病因素等。但总的来说是日粮结构不科学，即母猪体内钙磷比例失调，俗称缺钙。出现缺钙，可能是因为母猪日粮中精料比例太高，而精料中磷多以植酸磷形式存在，这种形式的磷不易被机体吸收，无法满足母猪体内对磷的需求。母猪产仔后会大量消耗体内的钙和磷，如果产后钙、磷摄入量不足，或体内吸收不够就会发生瘫痪，泌乳高峰期病情会加重。

（2）临床症状。母猪产后精神沉郁，食欲减退或拒食，泌乳量减少或无乳，不哺乳仔猪，后肢无力，站立不稳，走路摇摆，后肢频繁交替负重，易出现异食癖现象，如啃土、舔墙等。后期不能站立，卧地不起，呈俯卧姿势。强行驱赶常发出尖叫，勉强站立走几步，因后肢无力又趴下，有的母猪一直卧地不起呈昏睡状，患病母猪体温一般没有明显变化。

（3）预防。加强妊娠母猪和哺乳母猪的管理，适当补充矿物质、维生素及微量元素和足够的运动。在分娩前后4天，母猪每天喂红糖50 g，以保持血液中糖含量。做好母猪产前、产后的饲养管理工作，猪栏要干燥、保暖。

（4）治疗。加强护理，猪舍内多放垫草，防止猪只滑倒。及时补充钙粉，在饲料中每天每头添加骨粉30～50 g。

9. 母猪胎衣不下

（1）病因。母猪分娩完毕3小时后，胎衣还不排出，则可认定为胎衣不下。其基本原因是饲养管理不善、运动不足、体消瘦、过肥和胎衣过多或缺乏维生素、矿物质等，引起子宫收缩微弱。此外，流产、难产、子宫炎或其他传染病的感染，均可引起胎衣不下。

（2）症状。分娩后胎衣部分或全部留在子宫或阴道内，也有部分脱出于阴门，母猪不断努责，卧地不起、不动，精神不振。随后胎衣腐败，从阴道流出带血的脓样恶臭液体和腐败组织。此时，有的体温升高，减食或不食。如不及时处理，会引起子宫内膜炎，导致不孕症，如有细菌感染，会引起败血症而死亡。

（3）预防。妊娠母猪要多运动，注意补钙、黄芪多糖、多种维生素。加喂青绿饲料，增加胃肠蠕动。妊娠母猪不宜过肥或偏瘦。

（4）治疗。改善母猪的饲养管理，杜绝一切发病因素。胎衣不下可采用，①肌肉注射垂体后叶素注射液 30 ～ 60 单位，或注射麦角 2 ～ 10 g，也可内服。② 10% 食盐水 1000 ml，加温至 40℃，冲洗子宫。③胎衣腐败时，用 0.1% 高锰酸钾溶液或 0.1% 碘溶液冲洗子宫，待消毒液排干净后，再放置土霉素胶囊。④静脉注射 10% 氯化钠溶液 100 ～ 150 ml。

10. 亚硝酸盐中毒

（1）病因。猪青饲料中，如白菜、芥菜、包菜和青草等，都有不同数量的硝酸盐，特别是大量使用氮肥和尿素的植物，吸收的硝酸盐更多。当用上述青饲料喂猪时，由于加工调制和保存不当，如在锅内焖煮时，不搅拌不揭盖过夜或焖煮不透的青饲料；青饲料堆积过久，发热腐烂，均可使硝酸盐转化为亚硝酸盐，猪食用后会发生中毒。

（2）症状。常在喂食后 30 分钟左右突然发病，吃得多的猪最严重。病猪狂躁不安或呆立不动，口吐泡沫、呕吐，并有腹痛，呼吸困难，肌肉震颤，走路摇晃，歪斜或转圈，皮肤发紫，口黏膜、眼结膜呈青紫色，耳尖及四肢末梢发凉，体温正常或低于正常（37 ～ 37.5℃）。轻症或可耐过，重症者倒地、痉挛，15 ～ 30 分钟后死亡。死前呼吸困难，也有不呈现任何症状而突然死亡的。

（3）病变。剖检可见血液呈酱油色、凝固不良，胃、小肠充血或出血性炎症，肺瘀血、水肿，肝肿大，心肌有点状出血。

（4）防治。不用堆积发热和腐烂的青菜喂猪，煮青菜时要揭开锅盖，并多搅拌，煮好后不要闷在锅里过夜。猪场可以将青料切碎再喂猪。对已发病的猪可采用下列方法治疗。

①特效药物治疗：1% 美蓝溶液 0.1 ～ 0.2 ml/kg 体重，静脉注射或肌肉注射。症状还未彻底缓解的，可在 24 小时内再重复注射 1 次，也可静脉注射 5% 甲苯胺蓝 5 ml/kg 体重，作用迅速，无副作用。

②肌肉注射维生素 C 溶液 200 ～ 500 ml，可使高铁血红蛋白还原为低铁血红蛋白。

③心脏衰弱时，肌肉注射 10% 安钠咖 5 ～ 10 ml；呼吸困难时，肌肉注射尼可刹米。

④必要时可静脉注射 5% 葡萄糖生理盐水或复方氯化钠溶液 500 ～ 1000 ml。

⑤耳尖、尾尖等处放血，每千克体重 1 ～ 2.5 ml。

11. 食盐中毒

（1）病因。饲喂酱渣、酱油渣、咸菜水、咸鱼粉等过量，或是饲料中食盐过多或拌料不均匀，猪误食过多的食盐而引起。

（2）症状。猪兴奋不安、转圈、前冲、后退、肌肉痉挛、震颤、阵发性惊厥、虚嚼、口吐白沫、口渴贪饮，有时由于意识障碍又忘却饮水，眼结膜和口黏膜发红，少尿。猪慢性食盐中毒，初有便秘、口渴和皮肤瘙痒等前期症状，在解除限制饮水而暴饮后突然发病，呈现视觉和听觉障碍、兴奋、转圈、乱走、直冲、癫痫样痉挛，后期转沉郁。

（3）剖检。急性中毒，见胃肠黏膜充血、水肿、出血，血液稀薄，不易凝固；有特征性的嗜酸性细菌性脑膜炎。慢性中毒，主要病变在脑，为脑水肿和脑软化坏死灶。

（4）防治。严格控制食盐用量，一般每头猪每天喂食盐量为大猪 15 g、架子猪 8 ～ 10 g、小猪 1 ～ 5 g。猪舍内应有足够的清水供饮用，对病猪切忌猛然给予大量饮水或任其暴饮，而使病情恶化。对病猪的治疗方法如下。

①静脉放血 10 ～ 15 ml，静脉注射 25% 葡萄糖溶液 100 ml。

②静脉注射葡萄糖酸钙 50 ～ 100 ml，或 10% 氯化钙 10 ～ 30 ml，也可以静脉注射或腹腔注射 5% 葡萄糖溶液 500 ～ 1000 ml，再注安钠咖 5 ～ 10 ml。

③兴奋不安或强烈痉挛时，静脉注射氯化钙溶液 10 ～ 15 ml，或注射苯巴比妥钠 0.4 ～ 0.6 g。

④严重便秘时，灌服蓖麻油 50 ～ 60 ml，并用温肥皂水 2000 ～ 3000 ml 灌服。

12. 乳房炎

（1）病因。母猪乳房损伤或被仔猪咬伤，细菌侵入乳腺组织导致发炎；母猪在分娩后，分泌乳汁过多，仔猪吃不完；断奶方法不当，子宫炎继发都能引起乳房炎。

（2）症状。乳房潮红、肿胀、发热、硬结有痛感。体温升高、食欲不振、精神沉郁、乳汁少而有脓，甚至溃疡、哺乳停止（图 10-3）。

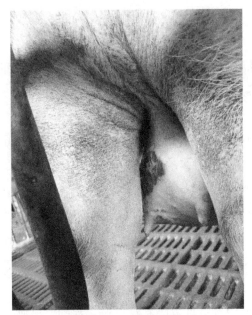

图 10-3　乳房炎症状

（3）预防。①保持栏舍干燥卫生，要经常消毒场地。②出生后的小猪要剪齿，开始哺乳时，要逐个固定好乳头哺乳，防止仔猪咬伤母猪乳房。③仔猪断奶前，要逐渐减少哺乳次数，使乳腺活动慢慢降低，禁止突然断奶。④在临产前、临产后三天，应适当减少饲料喂量。

（4）治疗。①用 0.1% 雷夫诺尔溶液洗涤患部后，采用鱼石脂软膏或雄黄软膏外敷。②轻症者，采用藿香正气水涂抹或者将去皮后的油葱、仙人掌外敷。③重症者，肌肉注射青霉素、链霉素各 80 万～160 万单位，每天 2 次，连用 2～3 天。

13. 风湿病

（1）病因。猪风湿病是一种原因不明的慢性病，全年均可发生，尤其是冷湿天气，寒风、贼风侵袭，猪圈潮湿，运动不足及饲料急骤变换等，均可引起发病。风湿病主要侵害猪的背、腰、四肢的肌肉和关节，同时也侵害蹄和心脏以及其他组织器官。

（2）症状。猪的肌肉及关节风湿，往往突然发生，先从后肢开始，逐渐扩大到腰部，以至全身或患部无定、呈游走性。患部肌肉疼痛、僵硬。弓腰、跛行步小、喜卧。病重时站立不稳，起立、卧下困难。食欲减退、体温升高、卧地不起，即呈全身性肌肉风湿症。

（3）防治措施。①垫草要经常换晒，圈舍要保持清洁干燥，堵塞猪圈内小洞，防止小猪在寒冷季节淋雨。②2.5% 醋酸可的松 5 ～ 10 ml，每天 2 次，肌肉注射；或用醋酸氢化可的松注射液 2 ～ 4 ml，关节腔内注射。在初期，可用复方水杨酸钠注射液 10 ～ 20 ml，耳静脉注射；或用 10% 水杨酸钠注射液和当归注射液各 10 ml，每天 2 次，静脉注射，连用 2 ～ 4 天。

14. 便秘

（1）病因。天气炎热、饮水不足，饲喂难以消化的饲料或饲料中混有泥沙，某些热性病也继发本病。

（2）症状。排粪困难或不排粪，反常怒吼、弓背，常做排粪姿势，但没有粪便排出或排出少量硬粪球。检查可触摸到直肠内有干粪球存积。

（3）预防。①出生后的仔猪要剪牙，哺乳时要逐个固定乳头吸乳。②在母猪临产前、后三天，应适当减少饲料喂量。③适当补充食盐和矿物质，提供充足的饮水和加强运动。

（4）治疗。①蓖麻油 50 ml、石蜡油 100 ml、鱼石脂 10 g，混合后灌服。②硫酸镁或硫酸钠 30 ～ 50 g，加水 200 ～ 300 ml 灌服。③人工盐 30 ～ 80 g 或石蜡油 100 ～ 200 ml 灌服。④仙人掌（去皮）或油葱（去刺）1000 g，捣烂取汁加花生油 200 ～ 300 ml，一次性灌服。⑤灌服或拌料喂大黄苏打片 5 ～ 10 g，每天 2 次。

15. 猪肛门脱出

（1）病因。多由过度采食、捆绑、便秘、下痢、难产（过度努责）、膀胱结石等引起。

（2）症状。肛门外翻，直肠下垂呈球状或棒状。

（3）治疗。先用清水洗干净脱出部分，除去坏死组织、血凝块和异物，再用 5% 明矾水或 0.2% 高锰酸钾水洗涤，用手慢慢送进肛门，将手插入理平脱出的直肠，并稍留片刻，再慢慢将手拉出，肛门温敷 15 ～ 30 分钟。为使其不再脱出，在交巢穴处注入 3 ～ 5 ml 麻醉药或 75% 酒精 5 ～ 10 ml。

16. 子宫内膜炎

（1）病因。胎衣不下、子宫脱出、助产不慎、产后阴道消毒不严及人工授精时受污染等，均可引起细菌感染而发病。

（2）症状。按疾病的经过可分为急性子宫内膜炎和慢性子宫内膜炎。

急性子宫内膜炎，多表现为产后母猪体温升高，减食或不食，时常拱背努责，阴道流出灰红色或黄白色脓性腥臭的分泌物，常混有胎衣碎片。严重时，常引起败血症和脓毒症。

慢性子宫内膜炎，临床症状不明显。表现为不发情或发情不正常，也不易受孕，如病程很长，则呈现弓背努责，体温微升高，逐渐消瘦。

（3）预防。人工授精时严格执行操作规程；保持栏舍清洁卫生，临产前彻底消毒产床或更换垫草，助产要严格消毒；加强产后护理，处理难产，取出胎畜、胎衣后，将抗生素胶囊直接塞入子宫腔内可预防本病

（4）治疗。①冲洗子宫。用 0.1% 雷凡诺尔或 0.1% 高锰酸钾溶液进行冲洗，隔 30 分钟后，用 80 万～ 100 万单位青霉素加 50 ml 蒸馏水注入子宫腔内。每隔 2 天冲洗 1 次，如渗出物多，应增加冲洗次数。②有全身症状时，可用青霉素、链霉素等药物治疗，并配合应用维生素 C。

17. 僵猪病

（1）症状。生长缓慢、被毛松乱、无光泽、生长发育严重受阻，形两头尖、肚子大、肋骨显露、眉毛长、皮屑干枯、腰拱的小老猪，即称为僵猪（图10-4）。

图 10-4　僵猪病症状

（2）病因。

①妊娠母猪饲养管理不当，营养缺乏，使胎儿生长发育受阻，造成先天营养不足，造成"胎僵"。

②泌乳母猪饲养管理欠佳，饲料营养供应不平衡，母猪无奶或缺奶，哺乳期间母猪发生乳房炎，产后不食、持续发烧，影响母猪采食以及泌乳量；仔猪初生体重小，母猪每次哺乳时抢不到奶吃，导致在哺乳期间生长发育不良，跟不上其

他猪，造成"奶僵"。

③仔猪多次或反复患病，如营养性贫血、下痢、白肌病、喘气病、体内外寄生虫病等，严重地影响仔猪的生长发育，形成"病僵"。

④仔猪开食晚、补料差、质量低劣，使仔猪生长发育受阻，形成"料僵"。

⑤一些近亲繁殖或乱交滥配所生仔猪，生活力弱、发育差，而形成"遗传性僵猪"。

（3）预防。

①在母猪妊娠期间，保证蛋白质、维生素、矿物质等和能量的供给，使仔猪在胚胎阶段先天发育良好，出生后能及时吃到营养充足的乳汁，使之在哺乳期生长迅速、发育良好。

②搞好仔猪的养育和护理，创造适宜的温度环境条件，早开食、适时补料，并保证仔猪料的质量，满足仔猪迅速发育的营养需要。

③搞好仔猪栏舍卫生和消毒工作，使栏舍干暖清洁，空气新鲜。

④及时驱除仔猪体内寄生虫，有效地防止仔猪下痢等疾病的发生，对发病的仔猪，要早发现、早治疗。

⑤避免近亲繁殖和母猪偷配，以保证提高其后代的生活力和质量。

（4）治疗。

①驱虫处理，选用合适的西药或中草药驱虫药，对僵猪再进行1次的驱虫，可达到较好的治疗效果。

②给僵猪药浴、刷拭、晒太阳，由其在宽阔的栏舍内自由运动。

③增加蛋白质饲料、矿物质、维生素、微量元素等，多喂一些易消化、营养多汁、适口性好的青饲料，也可给一些抗菌抑菌药物。补饲鱼粉、虾粉、胎衣汤及小鱼、小虾汤等蛋白质饲料，添加和饮用多维电解质、添加酶制剂或促生长制剂和铁制剂。

④增加饲喂次数，少喂勤添，以引诱和增加仔猪采食量；必要时，还可以采取饥饿疗法，让僵猪停食一天，仅供应饮水，以达到清理肠道、促进胃肠道蠕动、恢复食欲的目的。

⑤采用人工盐、碳酸氢钠或酒曲3～5 g，拌料喂1～2次。

第十一章　猪场常用器械和药物

一、用具

显微镜、载玻片、盖玻片、过滤纸、玻璃三角烧杯、量杯、恒温消毒柜、电冰箱、药柜、连续注射器、金属注射器、一次性注射器、针头、手术剪、止血钳、缝针、缝线、手术刀柄、手术刀片、镊子、托盘、电磁炉、水浴锅、铝锅、消毒盒、耳标、剪耳钳、剪牙钳、套猪钢丝绳、温度计、防滑垫、电热断尾钳、水桶、洗涤盘、毛巾、脱脂棉花、纱布、一次性手（脚）套、记号（三色）蜡笔、喷雾器、口罩、电笔、羊角锤、铁钉、铁线、活动扳手、齿钳、砍刀、螺丝刀、钢锯、扫把、拖把、铁铲等。

二、药物

（1）西药。青霉素、硫酸链霉素、庆大霉素、头孢噻呋钠、氟苯尼考、恩诺沙星、林可霉素、阿莫西林、干扰素、伊（阿）维菌素、虫克星、氨基比林、肾上腺素、右旋糖酐铁、葡萄糖、安乃近、阿尼利定、痢菌净、敌菌净、磺胺嘧啶、利巴韦林、缩宫素（催产素）、复合维生素 B_1、维生素 K_3、樟脑磺酸钠、氢氧化钠、高锰酸钾、阿托品、碳酸氢钠、盐酸肾上腺素、氨茶碱、安络血等。

（2）中药针剂。黄芪多糖、柴胡、双黄连、鱼腥草、板蓝根等。

（3）草药。穿心莲、马齿苋、鱼腥草、板蓝根、断肠草、柴胡、救必应、金银花、山枝子、蒲公英、防风、洗手果、凤尾草、山黄芪（五指牛奶树）、半边莲、灯笼泡、百解藤（金锁匙）、田基黄、崩大碗、野菊花、马樱丹、玉叶金花、淡竹叶、梣子树叶、番桃树叶、地葱根、大飞扬、小飞扬、一点红、葫芦茶、山芝麻、鬼针草、南蛇勒、艾草、地胆头、牛筋草、使君子、叶下珠、黑墨草、鬼针草、百草霜、大青叶、火炭母、大蒜头等。以上这些草药，具有清热解毒、抗菌消炎、收敛止泻、健胃消食的功效，既可当饲料喂，也能起到防病治病作用。

注意：用药前须认真阅读药品说明书，用法有内服、外用、注射之分，如不注意把外用药当内服药服下会酿成严重后果。同时还要注意药品的有效期，以免耽误病情。猪场设有专门的兽医室，备有药柜，将抗生素、消炎、退烧、健胃消食、收敛止痢、消毒等不同功效的药，分类摆放，便于寻找。

根据猪场的养殖规模，可以选择性购买上述药物，每次购买的药物不宜过多，以免积压过期造成浪费。购买兽药时，除查看兽药经营者的《营业执照》和《兽药经营许可证》外，可以通过扫描包装上的兽药二维码，来旁证判断这个产品是否可靠。

①看批准文号。如"兽药字（2010）03012×××××"，"2010"代表年份，因兽药审批5年1次，所以购买时限不要超过5年，"03"代表省份，"012"代表生产企业编号，"×××××"代表农业农村部备案的该药品编号。无批准文号的产品视为假兽药。

②看包装标签。包装印制应该鲜明、整洁，通常商品名比通用名大两倍。按《兽药管理条例》规定，兽药包装须有标签，注明"兽用"字样，兽药包装虽有标签，但标签内容不完整者，也有可能是假劣兽药。

③兽药出厂前必须经过质量检验，检验合格的附上产品质量合格证，没有产品质量合格证的产品不要购买和使用。

④看生产日期。兽药一般有效期为2年，兽药未注明有效期，或注明了有效期但已过期的，其疗效都不能保证，应禁止使用。

三、猪免疫程序

免疫是保障猪场安全生产的一个非常重要的措施，通过合理的免疫工作，可以提高猪群的抵抗力，从而有效地降低病原微生物对猪场造成的危害。根据猪场自身的特点及当地疫病流行的规律，以严格的血清学检测结果作为依据，制定出符合自身猪场的免疫程序。为帮助规模化猪场搞好免疫接种工作，可参照以下免疫程序搞好免疫。

（1）仔猪。

1周龄，注射猪喘气病灭活疫苗1头份；2～3周龄，注射传染性胸膜肺炎灭活疫苗0.5 ml；3周龄，注射猪喘气病灭活疫苗1头份；4周龄，注射猪瘟疫苗1头份；5周龄，注射口蹄疫疫苗0.5头份；6周龄，注射传染性胸膜肺炎灭活疫苗1 ml；9周龄，注射猪瘟疫苗1头份；10周龄，注射口蹄疫疫苗0.5头份；21 周龄，注射口蹄疫疫苗 1 头份；

（2）后备猪。

配种前 1 个月，注射传染性胸膜肺炎灭活疫苗 2 ml；23 周龄，注射猪瘟疫苗 1 头份；24 周龄，注射猪传染性萎缩性鼻炎疫苗 1 头份；25 周龄，注射猪细小病毒病疫苗 1 头份、圆环病毒疫苗 1 头份；26 周龄，注射猪乙型脑炎疫苗 1 头份；27 周龄，注射猪细小病毒病疫苗 1 头份；28 周龄，注射猪传染性萎缩性鼻炎疫苗 1 头份、圆环病毒 1 头份；30 周龄，注射猪口蹄疫疫苗 1 头份；31 周龄，注射猪伪狂犬病疫苗 1 头份；11 月，注射圆环病毒 1 头份。

（3）种公猪。

春、秋各 1 次，注射猪瘟疫苗 1 头份；7 月、11 月各 1 次，注射口蹄疫疫苗 1 头份；3 月，注射猪乙型脑炎疫苗 1 头份；8 月、12 月各 1 次，注射伪狂犬病疫苗 1 头份；10 月、11 月，各 1 次（间 3 周），注射猪丹毒、猪肺疫二联疫苗 4 ml；5 月、11 月，各 1 次，注射猪传染性萎缩性鼻炎疫苗 1 头份；每半年进行 1 次，注射传染性胸膜肺炎灭活疫苗 2 ml。

（4）生产母猪。

分娩前 3 周，注射猪传染性萎缩性鼻炎疫苗 1 头份；分娩前 4 周，注射猪肺疫、猪丹毒二联疫苗 4 ml；分娩前 2 周，4 月、8 月、12 月，注射口蹄疫疫苗、伪狂犬病疫苗各 1 头份；10 月、11 月（间隔三周）注射猪肺疫、猪丹毒二联疫苗 4 ml；4 月，注射猪乙型脑炎疫苗 1 头份；每半年进行 1 次，注射传染性胸膜肺炎灭活疫苗 2 ml。

四、投入品的使用

（1）拌料投药要规范。养殖场在选择拌料的兽药和药物添加剂时，一定要严格遵守《兽药管理条例》《饲料和饲料添加剂管理条例》的行业标准，拌料用药时应符合《允许作饲料药物添加剂的兽药品种及使用规定》《禁止在饲料和动物饮水中使用的药物品种目录》等，禁止使用违禁药物。

（2）拌料投药要有针对性。给猪拌料喂药时，要视猪场的实际情况合理科学地拌料投药。同时，可挑选出有很好治疗效果的兽药和药物添加剂，为下次防治猪病投药做好准备工作。给猪拌料喂药时，要有针对性。初生仔猪、年龄大的猪、身体不好的猪，需选择敏感性小、毒性小、用量少的药品和药物添加剂。用来拌料饲喂的药物，尽量选择容易被猪消化吸收的抗菌药和驱虫药，而青霉素等药物尽量不要食用。

（3）拌料投药搭配禁忌。是药三分毒，这个道理同样适用于猪的用药原则，在猪饲料中添加药物时，宜少不宜多，若一种药就可以治好，千万不要用两种及以上。

（4）拌料投药剂量要适当。给猪拌料用药大致分为预防用药、治疗用药。不管是预防用药还是治疗用药，都需要根据猪自身的身体状况掌握适宜的用药剂量。一般预防用药只需治疗用药的1/4即可。而一些残留明显的药物，尤其要注意剂量以防伤害到猪。

（5）投药需谨防假兽药。兽药市场鱼龙混杂，应防止买到假药。买药时要注意商标、生产厂家、批准文号、生产日期等信息，以防买到"三无"产品。买药时要注意看、闻，发霉变质、有不正常气味的兽药和药物添加剂不买，购买药品的剂量要适中，勿购买过量，储存不当易失去药效，造成浪费和污染。

（6）拌料投药要搅拌足够均匀和现配现用。

（7）料中投中草药添加剂要适量。中草药喂猪疗效好、副作用小，有较高的营养成分，还具有抗菌消炎和安全经济实惠等优点。以饲料添加剂形式适量加入哺乳母猪或小猪的饲料中，可以有效防止小猪拉稀，提高小猪的成活率和断奶体重。

五、免疫失败的原因

（1）疫苗质量。①由于疫苗生产厂家的生产技术、生产工艺或生产流程等方面的问题，生产的疫苗带菌带毒，造成疫苗污染。②疫苗质量达不到规定的效价，有效抗原含量不足，免疫效果差。③疫苗瓶失真空，使疫苗效价逐渐下降乃至消失。④疫苗毒株或菌株的血清型，若不包括引起疾病病原的血清型或亚型，也可造成免疫失败。⑤佐剂的应用不合理，忽视黏膜免疫。

（2）疫苗运输。任何疫苗都有它的有效期和保存期，即使将疫苗放置在符合要求的条件下保存，它的免疫效果也会随时间的延长而逐渐降低。疫苗保存温度不当，阳光直射或反复冻融，均会造成疫苗的效价迅速下降。疫苗在长时间运输途中，不能达到贮藏的温度要求，会导致疫苗有效抗原成分减少、疫苗失效或效价降低。

（3）疫苗使用。疫苗在免疫接种前放置时间过长，疫苗稀释后在使用时未充分摇匀，或未在规定时间内用完，均会影响疫苗的效价；疫苗稀释方法与稀释液的选择不当，也会造成免疫效价降低或免疫失败。

（4）人为因素。免疫程序不合理；给妊娠母猪接种弱毒苗有可能进入胎儿体内；猪群免疫期间遭受感染；给不健康猪群接种；疫苗接种的方法、剂量不当；器械、用具、消毒部位消毒不严格等。

（5）母源抗体干扰。母源抗体是从母体中获得的，具有双重性，既对初生仔猪有保护作用，又会干扰仔猪的首次免疫效果，尤其是弱毒疫苗。

（6）营养水平和健康状况。营养的缺乏将导致猪群免疫功能低下。

六、疾病传播途径

（1）可以通过猪只或其他易感动物、空气传播。

（2）通过鸟类、老鼠、蟑螂、蚂蚁、蚊子、苍蝇传播。

（3）通过水源、车辆、人员传播。

（4）通过用具、饲料、疫苗等传播。

（5）卫生条件差，不消毒，猪粪到处堆放。

第十二章　活猪运输及经营管理

一、活猪运输

养殖企业（场）在销售商品猪时，要提前 2～3 天向县级主管业务部门委托的所在地、乡镇动物检疫申报点，办理产地检验合格证明、非疫区证明、运载工具消毒证明等 3 个证件。

如果是销售种猪的，除办理以上 3 个证件外，还需要企业《营业执照》《动物防疫条件合格证》和《种畜禽生产经营许可证》复印件各 1 份，以及种猪的档案材料，一并提供给买方，由工作人员携带，随车运输，以备核查和存档。

二、活猪运输注意事项

（1）活猪运输时间应选择在气温凉爽的 8：00 前或 17：00 后进行，尽量避免高温时段，以防中暑。

（2）运输路况应选择交通顺畅，人员、车辆较少的路线。

（3）道路行驶时降低速度，切忌紧急刹车。

（4）途中发现死猪，尸体不得随途乱抛。

三、经营管理

规模化养猪场的经营管理，包含了行政管理、生产劳动管理、技术管理、财务管理、经济分析。各个管理部门的设置，是根据猪场养殖规模的岗位工作规范而定的。以下介绍规模猪场的岗位和职责。

（1）岗位定员。

管理人员：场长 1 人、生长线主管（技术总监）1 人、销售主管 1 人、兽医保健 1 人、配种妊娠组长 1 人、分娩保育组长 1 人、生长育肥组长 1 人。

饲养员：配种妊娠组 3 人、分娩组 3 人、保育组 2 人、生长育肥组 5 人、夜班 1 人。

后勤人员：后勤主管、会计出纳、统计、水电工及维修工、保安门卫、炊事员、勤杂工等。

（2）岗位职责。

场长负责制，具体工作专人负责，尽量做到既分工又协作。

①场长职责：负责猪场的全面工作。组织员工实施公司当年的生产经营方案，制定和完善本场的各项管理制度、工作操作规程；年终向公司递交生产经营总结和第二年的工作计划。做好后勤保障，协调好各部门之间的工作关系，采纳员工有益的建议，及时解决出现的问题。做好猪饲料的供应计划和落实猪场预防措施。直接管辖生产线主管，通过生产线主管管理生产线员工。定期对员工进行技术培训，提高养殖水平；每周或每月召开生产例会，及时解决生产中所遇到的问题。班前、班后，巡查各部门、岗位的生产经营状况，特别是生产线中的配种、产房和保育3个环节，是巡查的重点。

②生产线主管职责：协助好场长，做好生产线日常工作。贯彻执行饲养管理技术操作规程，落实卫生、疫病防控制度，制定猪群免疫程序，按时进行免疫接种。全面负责生产线的饲料、药品等物资的监控和管理。每天巡查各岗位不少于2次，将每天每个生产环节发生的情况，逐条做记录，然后责成岗位人员及时纠正。做好生产线月报表统计并进行分析，以便及时发现问题和解决问题。

③配种妊娠组长职责：负责生产线全程的配种、种猪转群调整工作，完成生产线主管下达的繁殖技术指标，定期消毒和做好公猪、后备母猪、空怀母猪、妊娠母猪的防疫，以及清洁绿化工作。每天早晚巡栏各1次，观察后备母猪、空怀母猪的性行为。负责每月用料、药品、保健品、工具的使用计划与领取盘点，做好月报表工作。

④分娩组长职责：按饲养管理技术操作规程完成母猪分娩工作。时刻保持栏舍整洁，定期消毒和防疫。负责哺乳母猪、仔猪的护理、保健和疾病预防。每天巡栏2～3次，观察仔猪的哺乳、活动、保温情况。将组内生产月报表统计好，如实反映繁殖情况。负责母猪、仔猪转群工作。

⑤保育组长职责：按饲养管理技术操作规程，完成仔猪保育工作。保持栏舍整洁，定期消毒和环境绿化。负责保育猪的护理、保健和疾病预防。每天巡栏不少于2次，观察保育仔猪的采食、活动、保温情况。将组内生产月报表统计好，如实反映繁殖情况。负责生长猪、育肥猪的转群工作。

⑥生长育肥组长职责：按饲养管理技术操作规程，完成生长育肥工作。时刻

保持栏舍整洁，定期消毒、疫病防控和环境绿化。负责肉猪出栏，保证出栏猪的质量。每天巡栏1～2次，观察生长猪的采食、活动、保温情况。做好组内生产月报表，如实反映生产、销售情况。负责公猪、空怀母猪、后备母猪、生长育肥猪的饲养管理和转群工作。

⑦夜班人员职责：重点负责分娩舍接产、保证仔猪吃饱初乳、保温、辅助哺乳、夜间补料等护理工作。做好防寒、保暖、防暑、通风，天气冷或炎热、风大时，关上或打开窗门。负责本生产区的防火、防盗等安全工作。检查料房、水龙头是否关上。做好值班记录。

每个工作岗位，都要建立健全详细的生产经营档案。要将栏舍设计图纸、水电网络分布，引进种猪的检疫证、系谱，母猪配种、受胎、产仔记录，饲料、药品进出库、猪只转群转栏，猪只免疫、场地消毒、患病用药、死亡、销售记录等生产环节，分为不同表格，将每天工作内容一一记录在案，做到日清月结、有案可查，以便进行经济分析，为猪场的扩大发展提供真实依据。

第十三章　猪防病治病常用中草药

1. 榄核莲

【别名】一见喜、穿心莲（图 13-1）。

【识别】直立草本。茎方形，多分枝，枝叶对生。叶面深绿，两面无毛，先端渐尖，边缘有浅齿，叶柄短或近无柄。夏秋开花，淡紫色，由很多花组成顶生和腋生的圆锥花序。果开裂，长椭圆形，有棱，榄核状。

【产地生境】广东、广西、海南等地有栽培。喜生于肥沃湿润、排水良好之地。

【采收处理】全株药用，秋季采收，鲜用或晒干备用。

【功效】味苦，性寒，无毒。有退热解毒、消肿止痛、抗菌生肌的功效。主治急性痢疾、肠炎、扁桃腺炎、喉炎、口腔炎、肺炎、疖肿、虫蛇咬伤等。

【剂量】每 100 kg 体重，鲜品 100 ~ 300 g，干品 30 ~ 50 g，煲水伴料喂。

图 13-1　榄核莲

2. 鱼腥草

【别名】臭菜、狗耳菜（图 13-2）。

【识别】多年生草本，高 20 ～ 40 cm，嫩苗紫红色，全株有鱼腥气味，根白色有节。叶心形，柔软。秋季在茎顶开白花。

【产地生境】我国黄河以南均有分布，广西各地可见。常见于水沟边、园边潮湿的地方。

【采收处理】全株药用，夏季采收。

【功效】味微苦涩，性寒，无毒。有抗菌消炎、清热解毒、排脓消肿、利尿的功效。主治肺炎、肺脓疡、皮肤急性化脓性炎症、百日咳、肺结核、牙痛、秃癣、黄疸型肝炎等。治疗猪传染性胸膜肺炎，采用鱼腥草溶液加恩诺沙星或替米考星、氟苯尼考进行肌肉注射，连续 3 ～ 5 天，每天 2 次，用量按说明书使用。

【剂量】每 100 kg 体重，鲜品 500 ～ 800 g，全株洗净切碎或煲水拌料喂，每天 2 次。

图 13-2　鱼腥草

3. 马齿苋

【别名】马齿草、马齿菜、长寿菜、酸味菜（图 13-3）。

【识别】一年生肉质草本，全株光滑无毛。茎圆柱形，平卧或斜向上，向阳面常带淡褐红色或紫色。

【产地生境】我国大部分地区均有分布。生于菜地、田野及路旁。

【采收处理】地上部分药用，夏季采收。

【功效】性寒，味辛、苦，无毒。有清热解毒、散血消肿、止痢消炎、利尿的功效。主治咽喉肿痛、疔疮、丹毒、便血、仔猪白痢、猪肠炎腹泻。

【剂量】每 100 kg 体重，鲜品 500 ～ 800 g，切碎拌料喂。

图 13-3　马齿苋

4. 救必应

【别名】铁冬青、熊胆木、白沉香、白银木（图 13-4）。

【识别】常绿乔木，树皮灰白色，嫩枝有浅棱，略带紫红色。叶互生，长卵圆形。春末开淡绿色小花。秋冬季果熟，圆形、朱红色。

【产地生境】广西各地有产。生于土壤肥沃、湿热地块。

【采收处理】树皮和叶药用，晒干或鲜用。

【功效】味苦，性大寒，无毒。有凉血散血、消炎解毒的功效。主治暑季外感高热、烫火伤、咽喉炎、肝炎、急性胃肠炎、胃痛、关节炎、癣、疥、湿疹等。

【剂量】每 100 kg 体重，干品 100 ～ 200 g，煲水拌料喂。鲜品外用。

5. 桃金娘

【别名】梭子树、山梭子（图13-4）。

【识别】常绿灌木，高可达2 m。嫩枝有灰白色柔毛，枝干韧性强。叶对生，叶柄长约4 mm；叶片革质，椭圆形或倒卵形，长3～6 cm、宽2～4 cm。花先白色后红色、玫瑰红色、紫红色，花瓣倒卵形，5片，雄蕊红色，多数；萼管倒卵形，萼裂片近圆形；每年清明前后开花，花期长达2个多月，边开花边结果。浆果卵状壶形，长1.5～2 cm、直径1～1.5 cm，如小拇指粗。果常单生，浆果周圆形或椭圆形，成熟的果紫黑色，可食用也可酿酒，是一种山岭果。

【产地生境】产于我国南部各省区，多生于丘陵灌丛的酸性荒山草地中，是山坡复绿、水土保持的常绿灌木。

【采收处理】全年均可采收，以叶、果实、根块为主，晒干或鲜用。

【功效】其味甘、涩，性凉，无毒。有活血止血、消肿祛瘀、清热解毒的功效。主治高热、肿痛、咽喉肿痛、牙痛、赤白血痢疾、黄疸、水肿、痛经、崩漏、带下、产后腹痛、痈肿、疔疮、痔疮、虫蛇咬伤等。现代临床研究报道，可将桃金娘制成制剂，治疗消化道出血，其止血功效显著。另有报道，桃金娘有抗肿瘤、抗衰老、降血糖、降血脂等作用，而对正常细胞没有副作用。药用部位以根茎、叶和果实为主。

【剂量】治疗猪胃肠炎，每100 kg体重每次用0.25～0.4 kg鲜叶（干品用量减半）捣烂拌料喂，每天2次，连喂1～2天。该品和蕃石榴配合使用，效果更佳。

图13-4　桃金娘

6. 番石榴

【别名】番桃树（图 13-5）。

【识别】树高达 13 m，树皮平滑，灰色，片状剥落，嫩枝有棱，被毛。叶腹面粗糙，背面有毛，侧脉常下陷，网脉明显。浆果球形、卵圆形、梨形，果肉白色及黄色，胎座肥大，肉质淡红色；种子多数。

【产地生境】华南地区均有分布和栽培，生于原野。

【功效】番石榴叶片能收敛性治腹泻，减轻腹泻，叶片中也有一些纯天然的消炎成分，能清除肠道炎症避免细菌繁殖，枝叶用水煎熬后食用可使腹泻、肠炎、痢疾等病症迅速转好，对保持肠道菌群有非常大的益处。叶入药，具有燥湿健脾、清热解毒的功效，对泻痢腹痛、食积腹胀、齿龈肿痛、风湿痹痛、疔疮肿毒、跌打肿痛、外伤出血、蛇虫咬伤等有治疗作用。具有抑菌、消炎收敛、止泻、止血、抗病毒的功效。

【剂量】治疗猪胃肠炎，每 100 kg 体重每次用 0.4 ～ 0.5 kg 鲜叶（干品用量减半）捣烂拌料喂，每天 2 次，连喂 2 天。该品和桃金娘配合使用，效果更好。

图 13-5 番石榴

7. 飞扬草

【别名】奶母草、奶浆草、奶汁草（图 13-6）。

【识别】一年生草本，高可达 30 cm；全株稍带红色，全身被毛；茎折断有白色乳汁溢出；花密集呈球状，着生于叶腋间，夏季开花。

【产地生境】广西各地普遍分布，生于坡地、路旁及耕地上。

【采收处理】全草药用，夏季采收，晒干备用。

【功效】味酸微苦，性寒，有小毒。有抗菌收敛、解痛止痒的功效。主治痢疾、急性肾盂肾炎、支气管炎、消化不良、脓疱疮、疥癣、疖等。对金黄色葡萄球菌、沙门氏菌、痢疾杆菌、大肠杆菌、变形杆菌等有抗菌作用。

【剂量】每 100 kg 体重，鲜品 200 ～ 600 g，切碎或煲水拌料喂，每天 2 次。

图 13-6 飞扬草

8. 一点红

【别名】红背地丁、红背叶、小蒲公英（图 13-7）。

【识别】柔弱草本，高 20～50 cm，折断茎叶有白色乳汁。上部的叶长，披针形，无柄，下部的叶卵形，具短柄，叶背常带紫红色。花呈钟形，红紫色，夏秋开花。

【产地生境】华南区域普遍分布。生于路旁、草坡及耕地上，也有人工栽培。

【采收处理】全草药用，全年均可采。

【功效】味苦，性微寒，无毒。有抗菌消炎、活血化瘀的功效。主治急性上呼吸道炎、肺炎、扁桃体炎、口腔溃疡、乳腺炎、痢疾、腹泻、虫蛇咬伤、痈、疖等。

【剂量】每 100 kg 体重，鲜品 300～600 g，切碎拌料喂，每天 2 次。

图 13-7　一点红

9. 葫芦茶

【别名】葫芦藤（图 13-8）。

【识别】蔓状草本，铺地而生，嫩枝三棱形。叶互生，托叶大而明显，叶柄有状翅，与叶片明显分为两段，一端小、一端大，中间有一紧缢，形似葫芦。

【产地生境】广西各地有分布，以南部最多。喜生于黄泥土的土坡、草地、沟谷旁。

【采收处理】全草药用，全年均可采，晒干备用。

【功效】味苦涩，性凉，无毒。有清热解毒、祛痰、消食、杀虫、利尿的功效。主治肝炎、支气管炎、消化不良、肾炎、细菌性痢疾、肠炎、慢性溃疡等。

【剂量】每 50 kg 体重，鲜品 150 ～ 250 g，捣烂或煲水拌料喂，每天 2 次。

图 13-8　葫芦茶

10. 山芝麻

【别名】野芝麻、假芝麻、坡油麻（图13-9）。

【识别】矮小灌木，全株被粗糙毛，皮柔软。根味极苦。单叶互生，花生于叶腋，夏季开花，白带紫色。果如芝麻，粗糙，秋季成熟时开裂。

【产地生境】广西各县均盛产，华南各地亦有分布。生于向阳的山坡上。

【采收处理】根或全株药用，夏季采收，晒干贮藏。

【功效】味苦，性寒，无毒。有清热解毒、止痛的功效。主治痧气腹绞痛（急性胃肠炎）、风热感冒、扁桃体炎、咽喉炎、腮腺炎、虫蛇咬伤、鼠咬伤、疖肿等。

【剂量】每50 kg体重，鲜品50～100 g，煲水拌料喂，每天2次。

图13-9　山芝麻

11. 山栀子

【别名】黄栀子、栀子（图 13-10）。

【识别】常绿灌木。根淡黄色。叶对生，革质，绿色，光亮；托叶在叶柄内连合而包围小枝。夏季开单朵白花，气香，顶生或腋生。果卵圆形，熟时黄色，有纵棱六条，内有红黄色黏液和许多坚硬扁平的种子。

【产地生境】广西各地和我国东南部、中部及西部均产。生于土山、山谷灌丛林中或疏林下。

【采收处理】果和根药用，9～10 月果熟时采果，晒干或烘干。根全年均可采。

【功效】味苦，性寒，无毒。有凉血止血、清热利尿的功效。主治黄疸、高热、衄血、呕血、血尿、牙痛等。

【剂量】每 50 kg 体重，鲜品 50～100 g，煲水拌料喂，每天 2 次。

图 13-10　山栀子

12. 旱莲草

【别名】黑墨草、墨菜（图 13-11）。

【识别】一年生草本，全株揉烂后变为墨绿色。茎枝淡红色或淡绿色，有白毛，着地的茎节上可生根。叶对生，两面均具白色，花盘状，像向日葵而极小。

【产地生境】遍布广西各地，我国大多数地区均有生长。喜生于溪边、田边、路旁、村边较湿润肥沃的地方。

【采收处理】全草药用，夏秋采集，晒干或鲜用。

【功效】味甘微酸，性凉。有止血凉血、收敛、散瘀、排脓解毒的功效。主治痢疾、腹泻、咯血、呕血、衄血、高热、疟疾、结膜炎等。

【剂量】每 50 kg 体重，鲜品 100 ～ 200 g，切碎拌料喂，每天 2 次。

图 13-11　旱莲草

13. 火炭母

【别名】火炭藤、赤地利（图 13-12）。

【识别】多年生藤状草本，全株有酸味。藤浅红色，节膨大。叶互生，叶面有人字形暗紫色斑纹，叶柄浅红色。花白色或粉红色。果约黄豆大，熟时浅蓝色，汁多，味甜可食。

【产地生境】广西普遍分布。我国东南部至西部均有生长。生于沟边、村旁、园边的肥沃、潮湿处。

【采收处理】全草药用，全年均可采，通常鲜用。

【功效】味酸涩，性平，无毒。有清热解毒、宣导湿滞、消炎止痛、收敛止泻、去腐生肌的功效。主治痢疾、腹泻、疖、痈溃烂、消化不良、湿疹等。

【剂量】每 50 kg 体重，鲜品 250 g，切碎煲水拌料喂，每天 2 次。

图 13-12　火炭母

14. 白花蛇舌草

【别名】蛇利草、蛇舌草、二叶葎（图 13-13）。

【识别】一年生细弱草本。叶对生，线形，无柄；托叶鞘状，顶部芒尖。夏秋开白花，单朵或成对生于叶腋，无柄或具短柄。果小，扁球形，顶部有宿存的萼片，成熟时开裂，内有种子多数。

【采收处理】全草药用，夏秋采集，晒干备用。

【功效】味苦甘，性凉，无毒。主治痢疾、泌尿系统感染、虫蛇咬伤、肝炎、疔、痈等。

【剂量】每 50 kg 体重，鲜品 400 ～ 600 g，煲水拌料喂，每天 2 次。

图 13-13　白花蛇舌草